U0340963

OUDOLF

HUMMELO

A Journey Through
a Plantsman's Life

许默洛花园

自然主义种植大师
奥多夫的荒野美学

[荷] 皮特 · 奥多夫
(Piet Oudolf)
[英] 诺埃尔 · 金斯伯里
(Noel Kingsbury)
著

王晨
译

北京联合出版公司
Beijing United Publishing Co.,Ltd. · 低音

图书在版编目（CIP）数据

许默洛花园：自然主义种植大师奥多夫的荒野美学 /（荷）皮特·奥多夫,（英）诺埃尔·金斯伯里著；王晨译. -- 北京：北京联合出版公司, 2025. 3. -- ISBN 978-7-5596-7887-4

Ⅰ. TU986.2-49

中国国家版本馆CIP数据核字第2024BU8131号

许默洛花园：自然主义种植大师奥多夫的荒野美学

[荷] 皮特·奥多夫（Piet Oudolf） [英] 诺埃尔·金斯伯里（Noel Kingsbury） 著
王晨 译

出 品 人：赵红仕
出版监制：刘 凯 赵鑫玮
选题策划：联合低音
责任编辑：翦 鑫 马晓茹
特约编辑：李晓波
封面设计：何 睦
内文制作：聯合書莊

关注联合低音

北京联合出版公司出版
（北京市西城区德外大街83号楼9层 100088）
北京联合天畅文化传播公司发行
北京华联印刷有限公司 新华书店经销
字数232千字 710毫米 × 1000毫米 1/16 27印张
2025年3月第1版 2025年3月第1次印刷
ISBN 978-7-5596-7887-4
定价：188.00元

前言
PREFACE

英国皇家马斯登医院的玛吉医疗中心、特拉华植物园、诺玛餐厅的花园、维特拉园区花园，以及底特律的奥多夫花园（Oudolf Garden Detroit）——皮特·奥多夫完成的重要项目不胜枚举。在进入很多人开始慢下来的年纪之后，皮特似乎正在做得更多。许多新的委托来自艺术博物馆和画廊：荷兰的福尔林登博物馆和辛格博物馆（Singer Museum），西班牙巴斯克地区的奇利达勒库博物馆（Chillida Leku），以及萨默塞特郡和梅诺卡岛两地的豪瑟沃斯画廊。嘉奖也纷至沓来：辛格博物馆奖、谢菲尔德大学荣誉学位，以及奥兰治－拿骚官佐勋章——仅举几例。

自本书初版问世以来，皮特的作品继续增加，许多新的重大公共和私人项目已经完成建设和种植，我们将在这里看到其中的一些。他的产出增加了，这是因为他与以植物为中心的其他设计师展开合作。这种非常规的工作方式超出了景观公司的正常等级制度，事实证明，它非常有效。这是我们在这个新版本中涵盖的主题之一。他现在有了足够多的、信任的同事来帮忙同时实施数个重大项目计划，这本身就是一个标志，说明他以及他作为关键人物参与的自然主义种植运动已经取得了长足进展。

为第一版增添一些新内容的背景，正是这一运动在世界范围内的发展。在某种程度上，皮特的工作只是冰山一角。世界各地对自然主义种植的兴趣都有巨大的增长。在很大程度上推动这种现象的，是人们想要使用本土物种而非园艺行业的标准产品。虽然皮特使用的植物来源非常广泛，但他的自然主义伦理非常适合艺术性地使用来自各种栖息地的植物。例如，在巴西南部的塞拉多（cerrado）草原生态区，他的植物选择和组合方法启发了巴西利亚的设计师，他们正在使用北欧人从未听说过的植物。在中国、日本和韩国，如今公共场所或较大的花园中正在越来越多地使用多年生植物与禾草。其中，很多植物同样是本地原产物种。皮特不可避免地被人们研究，以获得灵感和技术建议。在距离荷兰更近的地方，随着公共种植和新私人花园可以使用更多的资金，东欧和俄罗斯的多年生植物使用量大幅增加。人们对皮特作品的兴趣似乎将会与日俱增。

诺埃尔·金斯伯里，2020 年夏

皮特·奥多夫和安雅

目录
CONTENTS

序 001
INTRODUCTION

人物小传 002

+ 雅各·P. 泰瑟和栖息地公园 004

种植设计 006

许默洛，开端 013
HUMMELO,
THE BEGINNING

花园：迈出第一步 022

+ 米恩·吕斯 030

荷兰园艺走向乡村 033

发生在北方的复兴 038

+ 罗伯·利奥波德：哲学家－园丁 040

搜寻苗圃 044

+ 卡尔·弗尔斯特 048

遇见一个志趣相投的人 052

+ 恩斯特·帕格尔斯 054

+ 亨克·格里森 060

开放日：一种新的会面方式 062

安雅的最爱 074

声名渐起 083

BECOMING KNOWN

收藏品 I 088

国际上的联系人 091

推动愿景 101

花园成形 105

引起公众的关注 121

+ 修 剪 132

多年生植物展望会议 134

瑞典：转折点 140

禾 草 148

培育新植物 159

公共项目 165

作为摄影师的皮特 186

植物调色板 188

在英格兰获得的荣誉 198

+ 越来越野 204

+ 混合与混杂 210

国际项目 217

INTERNATIONAL COMMISSIONS

芝加哥的卢里花园：第一个北美项目 218

+ 散布植物 234

使用北美植物 238

+ 远程维护 240

从限制中诞生创造性解决方案 243

二十年的进展 245

炮台公园 250

传播想法 262

+ 独一无二的特质 270

特伦特姆庄园：一座英格兰迷宫 274

许默洛花园中的变化 274

+ 块状种植 286

不断发展的想法 288

高线公园 289

收藏品 II 290

+ 花 境 296

在德国的项目 312

与建筑和艺术建立联系 315

+ 分层种植 317

+ 图形样式 322

植物设计和应用的新视角 325

+ 矩阵种植 328

荣 誉 332

更多国际项目 336

合作者 361

+ 植物比例 372

许默洛：设计之外 378

注 释 400

致 谢 402

照片版权 405

可参观的地方 407

索 引 409

序
INTRODUCTION

一群游客正在眺望城市景色。其中一个人拍了张照片，而其他人指向城市景观中的某样东西。然而，在两层楼高的地方看到的街景很快就消磨光了他们的兴趣。于是，他们继续往前走。才走了几步，又有另外的东西吸引了一个人的注意——她面前的一朵花。很快，每个人都在给花拍照。在这条高悬地面的步道上，植物一次又一次地引起他们的关注，耽搁他们前进的步伐。与此同时，这群人里面有个人掉队了，他只顾着全神贯注地拍照，镜头里是一个从前景野草后面探出头的广告牌，上面写着一条诙谐的品牌广告语。

这是纽约市高线公园每天都在上演的情景，而它是全世界最激进的城市景观设计实验。将一条废弃的高架货运铁路线改造成公园，这无论如何都是个勇敢的决定，但让它最为成功的一直是植物种植，这是它不可或缺的一部分。丰富植物物种的集合创造出动态十足的视觉质感，在每个季节都吸引人们来到这座公园；吸引人们流连且极具设计感的硬质景观元素、步道的细长形状以及公园所处的繁华位置，这些条件的组合似乎比任何植物园更能让人以一种前所未有的方式看待植物。

改造这条铁路的想法来自一个名叫高线之友的市民团体，而总体规划由景观设计公司詹姆斯·科纳事务所与 DS+R 事务所合作完成。然而，高线公园的植物种植是令其扬名全球的重要因素。它的创造者是荷兰花园和景观设计师皮特·奥多夫，如今他在自己的行业里颇负盛名。他的作品（主要位于公共空间）以一种新的方式将植物带给城市中的人，并强调了植物设计可以非常有效地创造丰富且令人难忘的空间。在如今这个世界，超过一半的人口生活在城市地区，而面对人类为自身目的重塑地球面貌的冲动，大自然似乎正在全面退缩。在这样的背景下，我们想要在未来保持清醒，并保持与其他生物共享空间的能力，创造美丽、生物多样化且不断变化的种植也许是一大关键。这本书讲述的是皮特和他的作品，但它并不是人物传记，原因我们稍后就会看到。在一场关于植物设计的当代运动中，他是最成功和最有天赋的代表人物。但是，要理解他所做的事，就需要从整体上理解这场运动。因此虽然本书聚焦的重点是皮特·奥多夫，但在很大程度上，他的故事是在新种植方式的背景下讲述的。

为了引入我们的主题，我将首先介绍皮特和他的家人，然后再谈谈当代种植设计以及那些负责塑造它的知名人士。

人物小传

这本书的初版是为了纪念皮特的70岁生日而写的。他出生于1944年10月27日，在布卢门达尔长大，这个小镇坐落在阿姆斯特丹西边的哈勒姆市附近的沙丘乡村中。他的家人经营着一家餐厅兼酒吧。“那里，”他说，“距离泰瑟花园只有1公里，泰瑟花园是个小型栖息地公园（heempark），也叫野生植物公园，我们小时候很喜欢去那里，但当时我还不理解它的重要性。”年轻时，彼得吕斯（Petrus，皮特的全名）当然帮忙打理过餐厅的生意，但是，他很快就对制造花园产生了兴趣。他说：“这个兴趣是在我大约25岁时开始的，当时我已经决定退出家里的生意。”我记得他曾在哈勒姆的一个街区向我展示自己年轻时住的房子，他抬手指向一棵巨大的竹子，茂盛的绿色竹叶从栅栏上方探出——他告诉我，这棵竹子是他最早种植的东西之一。后来，皮特继续学习景观建造，这让他具备了创立一所花园建筑公司所需的资质。一开始，他包揽了所有的工作，但很快他就开始引入其他熟练的工匠来做硬质景观，因为他想专注于种植。在欧洲，我们所处的这个角落拥有温和湿润的气候，很多种类的植物都可以在这里轻松种植，很多人都爱上了这种不可思议的多样性，皮特也一样。而且，他也很快就发现自己需要更多的空间。因此，他和他的家人搬到了许默洛村的边缘地带。正是在这里，我们将在后面适当的时候开始我们的故事。

皮特是个非常重视家庭的男人。任何和他打过交道的人很快就会遇到他的妻子安雅。对他的工作而言，安雅的支持一直是至关重要的组成部分。他们两个显然十分亲密，而且非常喜欢彼此。“安雅照顾我，并且处理很多我处理不了的事情。”皮特说，“她是我事业的社交部分；她是沟通者，所以，我们是互补的。”他们的儿子彼得生活在附近的一个小镇上，经常过来看望他们。他有父亲对设计的热情，这体现在他的事业上：销售传统风格的代尔夫特瓷砖和现代瓷砖。另一个儿子雨果生活在厄瓜多尔乡村，住在他妻子的村庄里，有三个孩子。

皮特的外表是典型的荷兰人——身材高大，有一头金发和一张在户外待了很长时间而被晒黑的脸。他性格害羞，有时会被人误以为是冷漠，其实他只是一个沉默寡言的人。我一直把他想象成在荷兰历史上发挥重要作用的荷属东印度公司的一名船长，他的双眼盯着遥远的地平线，不惧任何风雨。一旦你了解他，你就会意识到他是个非常温暖的人，并且有建立良好关系的强烈愿望。有趣的是，私人花园设计是一个社交属性很强的职业；它不可避免地涉及与客户的重复会面，和他们的家人打交道，而且通常会一起吃几顿饭。皮特似乎特别擅长与客户以及项目合作者建立真正的友谊。

名声容易让人腐化，但每个认识他的人都会向你保证，皮特的性情丝毫未改。“和社会名流打交道并没有让他改变。”30 多年的朋友乔伊斯·于斯曼说。“他是杰出的合作典范，他用眼睛看，用耳朵倾听……他是男人中的王子。”美国同事里克·达克说。实际上，皮特从不被其他人的名声打动，所以也许不太可能过于高看自己。他的谦逊也是非常典型的荷兰人特征。在其他地方，富人必须用珠光宝气和奢靡服饰给人留下深刻印象，在这个国家，最富有的公民选择朴素的黑色衣服——只需要看看伦勃朗

雅各·P. 泰瑟和栖息地公园

jac p. thijsse and hevemparks

+

荷兰可能是世界上被人工“建造”最多的国家，但它如今拥有数量前所未有的重建自然。在某种程度上，这是雅各布斯·彼得·泰瑟（1865—1945）留下的遗产，他通常被称为雅各·泰瑟（Jac Thijsse）。他出生在最后一片荷兰原始森林被砍伐大约五年前，在那个时代，密集的土壤开垦见证了大片欧石南荒野和森林变成农田，并且远远超过广为人知的对沼泽或开阔水域的开垦规模。

泰瑟是一名教师，并积极地倡导环保，提倡利用自然作为教授生物学和博物学的手段。他和另一位教师同事伊莱·海曼斯（Eli Heimans）一起编写了第一部通俗荷兰植物志，为学校和青年团体制作教学材料，并为保护野生动物和创建新的动物栖息地而奔走。

泰瑟的工作从未采用过教条式的“只用本土植物”的方法，在这一点上，今天的栖息地公园运动也是如此。泰瑟接受了一定数量的归化外来植物，这与维利·朗格在德国建造的“北欧”花园形成了鲜明对比。

在即将离世之时，泰瑟的工作促成了第一批栖息地公园的创建，栖息地公园指的是设计成公园并种植本土物种的公共空间。在阿姆斯特尔芬——当时这个城镇被规划为不断扩张的阿姆斯特丹的新郊区，C. P. 布罗尔瑟创造了两个栖息地公园，这位景观设计师毕生致力于打造自然风格的环境，并且，他已经成为当地公园的管理主任。阿姆斯特尔芬后来成为全世界范围内城市环境与自然融合最先进的范例之一，在那里，用退休公园管理主任海因·科宁根的话说：“绿色是整体系统，绿色是共同居民，我们把它带到市民的前门。”

创造了栖息地公园一词的布罗尔瑟认为，自然主义公园和花园首先应该尽可能美丽。它们从来没有打算成为本土植物群落的准确科学再现。他以自然栖息地——林地、沼泽、沙丘、草甸、欧石南荒野——为起点，旨在提炼其本质特征，与此同时，最大限度地提高它们在审美方面的吸引力。为了实现这个目标，他对自己选择的本土植物群落进行图解，选出决定其视觉吸引力且数量有限的关键“特征物种”，并使用它们。而且，使用的数量比它们在野外可能出现的数量更多。除了建立乔木和灌木的整体框架，他很大一部分重点放在创造丰富的草本层上。

布罗尔瑟的遗产被海因·科宁根发扬光大，他是一位对本土植物充满热情的园丁。他起初只是一名基层市政工作人员，最终成为阿姆斯特尔芬所有栖息地公园的主管，并在 2001 年从这个职位上退休。海因成为“荷兰浪潮”运动的重要参与者，而他从布罗尔瑟的原创作品中提炼出的管理技术，经常被荷兰、英国、德国和瑞典的同行研究并体现在他们的写作中。在他的管理理念中，核心是利用演替过程，这种过程指的是土地一旦被清理，就会有一种植物群落接替另一种植物群落，直到形成成熟的森林。在阿姆斯特尔芬的公园里，这个过程是为了审美趣味而受到管理的，以创造多个栖息地的拼贴。这样做的结果是，诞生了一些非常特别的景观。

雅各·彼得·泰瑟（Jac. P. Thijsse）

奥多夫小时候住在荷兰的布卢门达尔，他的家距离泰瑟花园只有几百米，这座花园是为了纪念雅各·泰瑟利用本土植物和自然地形所做的工作而建立的

1662年的画作《布商行会的理事们》。这种基于加尔文教派的谦逊正是本书不是传记的原因，荷兰人从未轻易沉迷于这种文学形式。“只有足球运动员才有关于他们的传记。”皮特十分不屑地说。除了保持谦逊，皮特还对别人敞开心扉并愿意倾听。这也有实用的一面。如果你希望自己的作品受到珍视并保持美观，你需要与维护人员融洽相处——这种相对平等主义也是另外一种荷兰特色。

最重要的是，皮特喜欢自己的工作为这么多人带来欢乐。这是他喜欢公共空间胜过私人花园的原因之一。要想发挥作用，一座花园必须有人照料。委托他为纽约市炮台公园（Battery Park）创造一系列种植的沃里·普赖斯说：“皮特非常清楚的是，如果他认为某个地方或者团体不能维护他的作品，他就不想为这个地方或团体建造花园。”花园不是一次性的创造物；皮特总是想要参与监督他们的持续管理。当然，有时他并不能如愿。

种植设计

在历史上，出于装饰甚至功能性目的而将植物放在一起的创造性过程一直是被人们低估的技能。作为一种得到清晰表达的艺术形式，它大概在20世纪初的德国达到了一个高峰，但这是一个明星寥寥的领域：英格兰人格特鲁德·杰基尔（1843—1932）和巴西人罗伯特·布雷·马克斯（1909—1994）是后人很容易记住的两个名字。在提升景观设计师作为一个群体的形象方面，皮特做了如此之多的工作，这也许将会是他最重要的遗产之一。

皮特是种植设计领域一场新运动的参与者，这场运动以生态方面的考虑为基础，而本书正是在这一背景下对他投以极大的关注。这场运动本身并没有严格的定义——他只是许多志同道合的从业者中最成功的一个。它没有宣言，没有成员资格，保持着开放、流动和热情友好。我也认为自己深入参与了这场运动。我研究，写作，做种植设计顾问的工作，而且我从 1994 年起就认识了皮特。所以，写这本书有时候感觉就像是写个人回忆录。

这场运动一直强调深入了解植物和欣赏植物多样性的重要性。从 20 世纪 80 年代开始，欧洲越来越多的专业人士和业余爱好者——主要是在德国、荷兰、瑞典和英国——一直在开发新的种植风格。为了彻底反对植物的公式化应用，无论是自 19 世纪以来改变甚微的充满一年生花卉的夏季花坛，还是从 20 世纪 60 年代开始被景观行业大规模使用的沉闷的“绿色水泥式”灌木种植，许多从业者如今强烈渴望以更宽松、更浪漫，最重要的是更自然的风格创造景观。这种新型种植有意违反历史景观实践的意识是关键。

植物种植的这种新面貌被贴上了各种标签。英国评论家提到了“荷兰浪潮”，但这个概念一直存在争议。“新多年生植物风格”也有人使用，这个名字借用自我在 1996 年写的一本书的标题。最近，我们还听到有人提起“新德国风格”，指的是 20 世纪 80 年代以来在德国演变出的独特的多年生植物风格。这些不同的花园文化都展现出了自己的特点，但它们背后都有同样的三条原则：对自然主义美学的强烈渴望，可持续性，以及强烈关注为生物多样性创造家园。

杂志和报纸编辑喜欢运动能够被命名——这让它们可被定义且易于被读者识别。他们也喜欢领导者。除非他们正在编辑园艺出版物，否则，他们往往对园艺界的当前趋势知之甚少。这会造成很多误解。因为这个原因，皮特常常被描绘成一场生态种植运动的领导者。虽然生态是他作品的一个重要方面，但它实际上并不是最重要的。当下应用多年生植物的设计师们有着非常明确的共同目标，从自然界获得启发的愿望是我们所做工作的核心，但这是一场多样化的运动，无法由单一的宣言来定义。

一些非常成功的设计师变得墨守成规，因为他们找到了一套行之有效且每个人——特别是客户——都喜欢的概念。很多设计师能够以不同的风格或情调开展工作，但却止步不前，因为客户所要求的常常是他们已经为别人创造过的东西。这不禁让人想起，路易十四肯定曾经注视着不幸的尼古拉·富凯在沃勒维孔特城堡（Vaux-le-Vicomte）的花园，心里想着自己多么想雇用勒诺特尔（Le Nôtre）来做出更大更好的东西！（有人可能不知道这个故事，富凯在监狱里度过余生，而勒诺特尔则开始在凡尔赛宫建造花园。）

皮特曾经表示他不喜欢重复自己。他总是在前进，试验，尝试新的组合、新的植物配置方式和不同的观点，他的工作因此才令人兴奋，但我怀疑这有时会让客户感到不安。他的设计总是考虑到场地条件、周围景观、花园是公共的还是私人的，等等，但基本上每个项目都变成了故事中的一个章节，它们都是独特的创作，反映了他当时所学到的关于植物和种植的一切。因此，必然不同于他之前做的任何东西。如果历史的轮盘赌重新转动，同一个地址无论是提前几年开发还是几年之后再交到他手里，都很可能得到不同的对待。不过值得注意的是，皮特的新设计技术往往是累积性的。他并不会放弃将植物放在一起的某种特定方式，但是，会在一个新项目中使用几种新的技术。这样做的结果是多层次且复杂的创作，以及不断增强针对特定视觉及生态环境微调设计解决方案的能力。用他的话说："知识创造自由！"

和很多艺术家一样，皮特以高度直观和直觉的方式工作。这令人异常难以记录他的方法论的核心。他很少有固定的工作方式，这可能会让学生感到沮丧。我记得他曾向一个跨国团体解释说，有时候他使用一种植物开始设计一座花园，有时则使用另一种植物——对面出现了一张张困惑的脸。在他的设计方法里，没有可预测的路径。这大概是他使用自己喜欢的植物调色板实现如此众多不同效果的原因之一。这确实给那些想向他学习的人带来了困难。学生喜欢规则。他们想要重点总结、提示、清晰的程序。"打破规则"是皮特常常挂在嘴边的话。在这里记录他的工作时，我想我的作用是为读者介绍一些规则，并以可理解的方式呈现这些规则。然后，鼓励读者打破它们。因此，这些经验并不打算成为教条。

诺埃尔·金斯伯里

HUMMELO, THE BEGINNING

许默洛，开端

普拉特（Plate）一家的家庭花园，
位于荷兰哈勒姆地区，
它是奥多夫最早的花园设计作品之一

1982 年，皮特和安雅以及他们的两个儿子——时年 9 岁的彼得和 7 岁的雨果——搬进了荷兰东部海尔德兰省许默洛村外的一栋旧农舍，它坐落在 1 英亩（约 4047 平方米）的土地上。这次搬家与空间、土地以及种植机会有关。正如皮特所说："我们之前住在郊区，有一座小花园，我不得不在我母亲的花园里试种植物……我在圈子里工作，做小花园设计。我有不少客户，但我觉得自己想做更多……这是朝着我们想要的生活迈出的一步。"

在哈勒姆开展了成功的花园设计和施工业务之后，皮特对植物越来越感兴趣。他看到了多年生植物与禾草在园林设计中的巨大潜力，但沮丧于无法从苗圃买到它们；即使能够买到，也只能买到很少的量，而且不能获得批发价。资深花园和景观设计师米恩·吕斯的一本书对他产生了巨大的影响，并帮助唤醒了皮特所说的对多年生植物的"健康的痴迷"。1950 年出版并在此后多年备受推崇的《多年生植物手册》是皮特灵感和参考的重要来源。他确信自己想要追求的那种冒险的种植方式拥有很大的潜力，但是如果没有植物来源，就不可能有任何进展。因此，他决定建立自己的苗圃。

任何对植物感到兴奋的人都知道，种植它们的空间很快就会成为问题。住在哈勒姆开始让皮特感觉自己被框住了。皮特作为一名设计师的创造力越来越受到可用空间的限制，而他作为一名企业家的发展也停滞不前。皮特开始旅行，寻找可以试验的植物。如果他找到了喜欢的植物，他会繁育它们并将它们用在客户的花园里。一开始，他当然找遍了整个荷兰，但在当时很少有苗圃能够提供大量选择。德国和英格兰被当作更好的来源。但是首先，他必须有种植它们的空间。

从 20 世纪 70 年代开始，在荷兰、英国和其他一些西欧国家，有一批理想主义的年轻家庭从城市搬到乡村。然而，对于皮特而言，“这件事的重点并不是住在乡村，而是种植空间”。购买占地 3 英亩多一点儿（约 13 000 平方米）的一座旧农舍为他提供了新的开端。不过，一开始有大量工作要做。“房子完全处于废弃状态，有瓦片从屋顶脱落。”他回忆道，“我做了所有建筑工作，房子内部的装修，抹灰，修缮屋顶——工作持续不断，但我有经验。我已经在哈勒姆翻新了两座房子。”

皮特一开始和罗姆克 · 范德卡合作，后者曾为著名英格兰园丁和作家克里斯托弗 · 劳埃德工作并担任首席园丁（一段非常有价值的社会关系），后来又在爱尔兰工作。“我们是在一场杂志赞助的会议上认识的，”皮特回忆道，“我意识到自己不能独自包揽所有的事情，所以我需要一个合作伙伴。”罗姆克在皮特身边待到1985年。“我们的发展方向不一样，”皮特说，“他更像是知识分子，一个鉴赏家，当时他已经开始写作了……而我在努力做体力活。最后，他在附近的小镇迪伦（Dieren）建立了自己的苗圃。”虽然这段合作关系没有继续，但皮特强调：“罗姆克向我展示了通往英格兰花园和苗圃的道路。”后来发生的事情证明，这对于他作为园艺师、种植商和设计师的发展绝对至关重要。

在新家度过的头几年充满挑战。“我们付了首付，然后，手里的钱只够维持一年……而且，一开始我们没有客户。”皮特说，这意味着贫困已然不远。他记得他们当初低估了需要在这座房子上投入的工作。“我晚上修缮房子，白天建造苗圃。”在最早的时候，他们唯一的收入来源是安雅的切花生意。当地花店开始摆满许多顾客以前从未见过的植物：星芹、松

在许默洛的早期岁月，
家庭生活围绕着对房产和苗圃的完善展开

冰霜覆盖的冬季景观总能引起皮特的共鸣

果菊、刺芹，甚至还有一束束纤细秀丽的星草梅。“来到许默洛是很大的改变。”安雅回忆道，“这里的生活并不总是那么容易，在寒冬没有暖气……我们有个柴火炉子，当天气非常冷的时候，我们每晚起来两次好让它保持燃烧。但我们只是向前看，任何时候都保持向前看。”

彼得还记得，搬到许默洛发生在“当我的年纪还小到觉得这似乎很有趣的时候……许默洛是不一样的。这里有农场，有田野，学校里有农民的孩子”。他回忆说，在他们全家搬进来之前，他父亲修缮了几个月的房子。有很多空间和机会可供两个男孩玩耍。“我记得我们建了一个树屋，后来又有了一辆助力车，可以在乡间骑行……我养了宠物蝾螈和青蛙。”后来，孩子们在苗圃里帮了点儿忙，还为附近的一个景观承包商工作。彼得记得自己不得不帮忙浇水，因为他们没有自动灌溉系统。在他大约 20 岁时，他开始种植自己的黄杨树并将它们修剪好，以便作为成熟的样本卖给花园设计师。他如今仍在当地拥有一块土地，而且还在继续出售黄杨树。

安雅照顾房子和孩子们，她说：“皮特和罗姆克合作时我没有参与，但是在罗姆克离开之后，我更多地参与到植物的工作上。我认识了物种并学习如何种植它们。”这是她开始经营苗圃的谦虚说法。随着苗圃的扩大，她必须监督每年的繁育、上盆、进入销售区域，当然，还有与客户打交道。苗圃很快发展出了自己的零售业务，人们从四面八方过来购买植物。安雅热情地担任前场角色，向来访者和潜在客户打招呼，为他们服务，为那些停留时间较长的人煮咖啡。她天生外向，所以，她作为企业公众形象的角色是非常可贵的，尽管她当然也是幕后组织者。经营苗圃以及在那里举办众多活动都涉及大量人事管理。她请来当地妇女帮助宣传，煮咖啡，为顾客提供食物和服务。安雅让一切顺利进行。几乎每个对我讲述首次来访许默洛经历的人都很快提到了安雅和她欢快和高效的风格。在她看来，这里有完美的组合：“我总是对这种搭配感到满意，包括人、植物和户外活动。”

花园：迈出第一步

一开始，并不存在这样的花园。整片土地的土壤差异很大，但通常是壤质砂土，肥沃且适合种植植物，而且不过于黏重，尽管有一些零散的黏土区域。房子后面有一块区域本来搭建了棚屋和附属建筑；这些都被清理干净，然后用混凝土边缘和小径铺设出一块苗圃区域，用于种植容器化植物。土壤中混入沙子以保证良好的排水。还做过两个长方形小水池，结果它们开始漏水，于是又被取出来了。皮特回忆道，他“后来在房子前面做了一个圆形池塘，虽然一开始并没有真的想要把它当作池塘……它是挖出来收集冬季大雨后的雨水的”。从当时的照片上可以看到，房子周围的土地完全开放，只有一小段山毛榉树篱。苗圃区后面是最靠后的空间，在其中开辟的苗床被用于种植试验植物、用于繁育的母株，还种植了成排的多年生植物。

1986 年，他在房子前面开辟了更多的苗床，用于种植试验植物和母株。大约在这个时候，皮特和安雅与一个邻居完成了一项地产交易，得以在他们的地块附近购买一些土地，更大的空间让他们得到了一条更长的车道，还可以建造一个温室并得到额外的种植空间。协商此前已经拖延了几年，因此，最终出炉的解决方案（涉及交换一些土地）让他们松了一口气。

房子前面的大部分区域都被开辟成了多年生植物的实验苗床。有一块地还种上了红豆杉，它们持续生长，等待着作为大号苗木移栽到客户的花园里。皮特将它们交替成行种植，剩下了大量并不立即需要的红豆杉，于是他产生了一个大胆的想法——为什么不留下它们并将它们塑造成树篱呢？由此产生的独特形式本身就成了一种装饰特征，而且也是许默洛的花园中最著名的部分之一，直到它们在 2011 年因洪水而消亡。作为背景，这些雕刻般的绿篱效果出色，一棵棵柱状红豆杉仿佛创造出了一支华彩乐章，沿着草坪和花园的花境有节奏地律动。

苗圃里的许多试种植物和母株都来自英格兰，当时颇具冒险精神的荷兰园丁将英格兰视为有趣植物的最佳来源。罗姆克曾与克里斯托弗·劳

房前花园和未来苗圃的早期照片

苗圃初具规模，
背景是许默洛的农业景观

埃德在大迪克斯特庄园工作多年，并因此熟悉英格兰东南部的肯特郡和苏塞克斯郡。在一开始和他旅行时，皮特发现植物的分布范围和可用性是一个启示。他在罗姆克的引荐下认识了一些人，其中之一是伊丽莎白·斯特朗曼，她有一个专业苗圃——沃什菲尔德。

皮特在建造花园的早期温室，
安雅则在沃什菲尔德苗圃采集植物

沃什菲尔德苗圃创办于 20 世纪 50 年代，到 1982 年皮特第一次来访时，它由斯特朗曼夫人经营，她的名气部分来自她种植的铁筷子，这种植物当时正开始受到人们的狂热崇拜。她此前曾在巴尔干半岛旅行并收集植物，在那里的野外，她发现了一些天然重瓣的铁筷子并将其用于育种计划。她使用基础的杂交技术生产了一系列铁筷子，有效地激发了现代人对这种植物的兴趣。她的苗圃经理是格雷厄姆·高夫，在沃什菲尔德工作了 16 年后，他又创办了自己的事业——马钱特耐寒植物苗圃。他的苗圃以其花园和具有创新性的多年生植物而闻名。

皮特拜访并购买植物的其他地方包括黑刺李苗圃——罗宾·怀特也在那里培育铁筷子，当然还有贝丝·查托在埃塞克斯郡的苗圃和展示园，她在那里为不同花园栖息地选择植物的理念开始向英国园丁介绍一种更生态的思维方式。当时，各国政府禁止在没有植物健康证明的情况下将植物从一个国家运送到另一个国家，但随着海关检查逐渐宽松，植物爱好者开始定期在自己的汽车里装满植物并开车跨越边境。

米恩·吕斯

MIEN RUYS

+

在 20 世纪 90 年代和皮特的几次对话中，我记得他都说过这样一句话："花园设计中的一切都在于米恩 · 吕斯。"威廉明娜 · 雅各巴 · 穆索 – 吕斯（Wilhelmina Jacoba Moussault-Ruys，1904—1999）是荷兰战后时期最著名的花园和景观设计师。她的职业生涯漫长，有影响力，而且多变。关于她的英文论著很少，但任何想了解她的人都可以参观她在代德姆斯法特的花园——米恩 · 吕斯花园。没有任何其他设计师自己的花园像它这样透露出如此之多的信息。在 18 岁时，她就开始在她父亲经营的皇家莫尔海姆苗圃所属的一部分土地上从事园艺工作。这是欧洲最大的多年生植物苗圃之一，她后来持续参与这座苗圃的事务，直到 96 岁去世。

2000 年前后，我首次来到米恩 · 吕斯花园，立即看出它曾经如何影响了皮特——尽管事实上，他很快就在自己的设计工作上继续向前，越来越远地将米恩 · 吕斯留在身后。由于对工艺美术运动风格花园的痴迷以及对贵族乡村别墅花园抱有着相当怯懦的态度，我在英国的同胞们错过了一样东西，而我也在这里看到了它：花园设计中的现代主义。在米恩 · 吕斯花园中，来访者欣赏的是她视觉想象力的富于图形感和建筑感的清晰程度，以及她对植物的充满冒险精神和别出心裁的使用。这座花园分为大约 30 个区域，在大地上描绘出被创造性想象充实的一生。既然吕斯的父亲经营着一家多年生植物苗圃，也难怪这位年轻的设计师主要使用多年生植物了，而且主要用在私人花园中。1927 年，她在英格兰的一家景观公司当学徒，并遇到了当时已年迈的格特鲁德 · 杰基尔。后来，她前往德国柏林达勒姆地区的一所学院学习。在那里，她接触到了卡尔 · 弗尔斯特倾向于自然主义的思想。回到代尔夫特之后，她又受到包豪斯运动的影响，这场运动对简洁线条的关注一直影响了她的余生。

"二战"后，欧洲对私人花园设计的需求当然相对较少。不过，她强烈的社会主义政治观点与时代精神非常吻合。这是规划的时代，是设计大规模公共住房和公共设施的时代。从此以后，她的大部分工作都集中在公共花园和其他公共区域的创造上。受到画家皮特·蒙德里安和加拿大建筑和景观设计师克里斯托弗·滕纳德的启发，她的设计富于图形感且不对称，还喜欢使用倾斜45度的路径和轴线。对新材料——混凝土、预制板和铁轨枕木——的实验，让她的作品呈现出一副毫不妥协地与过去决裂的面貌，并在现代工业的产出中找到认同。她融入了廉价、大规模生产和民主的元素。

吕斯的种植设计是高度实验性的。她尝试将各种各样的木本植物用作树篱材料，或者用来营造抽象块，并推广了一些拥有厚实或纹理质感的植物，如土耳其木糙苏、紫葛葡萄及禾草。她还在1954年创办了季刊《我们自己的花园》，这份杂志至今仍在蓬勃发展。

米恩·吕斯，约1975年

坐落在代德姆斯法特的米恩·吕斯花园有 30 个花园区，这是其中 2 个区域的景色。这座花园始建于 1924 年，至今仍对公众开放

荷兰园艺走向乡村

荷兰是一个小国，人口集中在从阿姆斯特丹到鹿特丹的狭窄沿海地带。在这片人口稠密的地区，很多居民认为任何路程超过一个小时的地方都是非常遥远的。这一点是我在有一天拜访了奥多夫一家回到阿姆斯特丹时认识到的，我见到了我们的出版商埃莱娜·莱斯热，她惊呼道，我“从遥远的许默洛之地”回来了。

在奥多夫一家从城市搬到乡村时，许多年轻家庭也在这样做。虽然他们的动机是出于实际考虑——拥有开设苗圃所需的足够空间，但其他人的行动则是在20世纪70年代确立的一种趋势的一部分，这种趋势最初根植于60年代的反文化运动（counterculture movement）。很多人搬去了北方省份，但奥多夫一家并不想去那么远的地方。许默洛距离阿姆斯特丹大约有一个半小时的汽车或火车车程，距离阿纳姆市半小时车程，距离德国人口最密集的地区之一鲁尔区的边缘有1小时的车程。重要的旅游休闲区高费吕沃国家公园就坐落在附近。许默洛是安静的乡村，但并不偏僻。

在“荷兰浪潮”种植运动中，那些走得更远、来到荷兰北部距离阿姆斯特丹2小时车程地方的一代园丁发挥了关键作用，而且至关重要的一点是，他们此前还是反文化运动的一部分。我很早就知道，皮特从来没有认同过他们——他从来都不是嬉皮士。然而，他的许多同行以及整个“荷兰浪潮”运动都深受反文化思想的影响。

20世纪60年代和70年代初期的反文化运动当然对所有西方工业化国家产生了重大影响。荷兰曾经是一个非常分裂和保守的社会，而反文化运动对于打破这个社会中的传统界限发挥了至关重要的作用。在此之前，人们主要通过他们的宗教观点——天主教的、新教的或者世俗的——来识别彼此，而且不同的群体之间几乎没有关系。六七十年代的青年反抗以各种生气勃勃、多姿多彩的形式出现，偶尔伴随着暴力，它的部分内涵是对这种宗教分裂的厌弃。抗议采取了各种不同的政治和社会形式，包括阿姆斯特丹的占屋运动（squatting movement）和毒品泛滥。一个名为普罗沃（Provo）的无政府主义团体是这场喧嚣不已的运动的核心，并提出了一系列措施来颠覆私有财产的概念。他们的白色自行车是他们摒弃“资产阶级”财产最著名的表达，任何人都可以借用这些自行车，用完之后留在街上即可。

和其他国家的反文化运动一样，后期阶段的特点是拒绝城市生活而转向乡村。随着参与20世纪60年代运动的青年开始安定下来，有了自己的孩子，他们转而前往乡村环境。80年代初，有些废弃的农舍可以用非常便宜的价格买到。“自给自足是当时的时尚，”弗勒·范宗讷维尔德说，她在1971年和丈夫埃里克·斯普鲁伊特一起搬到了北方的格罗宁根省，并开始建设她的第一座花园。“我自己买了一座旧农舍，一开始种的是蔬菜和水果，但后来我们厌倦了它们，开始种花。”他们的一个朋友罗伯·利奥波德也搬去了北方，而且他对植物和园艺特别感兴趣，后来成为“荷兰浪潮”的关键人物。60年代末，利奥波德在大学里和埃里克一起学习哲学，并住在莱顿的一个公社。“罗伯有一些非常狂野的朋友，”“荷兰浪潮”运动花园设计界的另一位长期成员莱奥·登·杜尔克回忆道。弗勒尔回忆道，当他们全都搬到北方时，使用迷幻剂的实验早已被抛在身后，但他们年轻的活力和叛逆精神驱使他们寻找新的自我表达方式。一种方式是园艺，另一种是自然。

很多20世纪60年代的激进人士和反叛分子加入了新生的“绿色”运动，特别是那些住在城市里的人；已经来到乡村的人自然而然地转向了农业和园艺。在此期间，荷兰农村的工业化程度越来越高。由于日益增长的人口压力和收入的上涨，对农产品的需求猛增，促使农民采取能够提高效率的措施。这常常导致草地和湿地等富含野花的栖息地遭到破坏，而且来自化肥的含氮和含磷径流污染了水道，为芦苇和禾草的生长提供了肥料，使它们最终取代了其他物种。“我记得60年代初我在乌得勒支郊外骑自行车，”亨克·格里森说，“看到沟渠里到处都是沼生马先蒿，田野上长满了泽漆和琉璃繁缕……但现在它们都消失了。”对于亨克和其他人而

亨克·格里森和安东·施勒佩斯位于上艾瑟尔省的普里奥纳花园

言，他们拥有保护和积极提升自然景观的强烈欲望。对环境的担忧和对花园的渴望结合在一起，发展出了对本土植物及其种植的日益增长的兴趣。

在一些年里，亨克和他的搭档安东·施勒佩斯将他们的时间分配在阿姆斯特丹的环保运动和普里奥纳上。普里奥纳是安东的家庭农场，位于人口稀少的东部省份上艾瑟尔省，他们从 1978 年开始在那里建造花园。1983 年，他们决定为了这座花园永久性地离开阿姆斯特丹——也是为了尽快地逃离，用亨克的话说："我们的许多朋友都死于艾滋病。我们希望摆脱同样的命运。"他生动地讲述起自己的圈子里有多少人认为这座城市和城市生活都将注定消亡。

然而，这座荷兰城市并没有衰败。在这一时期，很多人开始和自然建立更直接的接触。通过一个名为绿洲的组织，人们取得了很大成就，这个组织正式成立于 1993 年，尽管此前它作为一个非正式网络已经运转了几年。该组织的关键人物是一对情侣，维利·洛伊夫根和玛丽安娜·范利尔，从那一年开始，他们还加入了一群共同生活在海尔德兰省一座前修道院中的艺术家、音乐家和其他创意人士中。从那时起，绿洲举办了工作坊、会议、远足活动，并且为以与自然和谐相处的方式参与园艺的职业人士和业余爱好者出版了一份季刊。本土物种也是绿洲的关键理念，因为它的关注重点是通过与自然环境、园艺和艺术的直接接触，使人们更接近自然。正如维利所说："我们的宠儿之一是生态园艺培训课程爱丽泽亩（Elyseum），在受自然启发的花园建造的艺术和实践方面，它帮助教育了成千上万人。"

发生在北方的复兴

许多在 20 世纪 70 年代离开城市的年轻理想主义者动身向北，去了弗里斯兰、格罗宁根和德伦特三个省。其中就包括弗勒·范宗讷维尔德和埃里克·斯普鲁伊特，以及罗伯·利奥波德和他的妻子安斯，安斯常被人叫作安杰（Ansje）。罗伯和安杰在格罗宁根开了一家商店，出售从尼泊尔和阿富汗进口的手工艺品，并最终搬到了乡下的一座农舍。在那里，罗伯开辟了广阔的一年生植物和多年生植物试验田。还有一些人和他们一起去了北方，不过，这些人可能并不是反文化运动的一部分，他们追求的是开阔的天空、不拥挤的道路以及低廉的房价，最后这一点至关重要。如今，除了花园建造师和小规模种植商，荷兰北方还生活着很多艺术家。它仍然是一个吸引创意人士的地方，这个地区反映了他们的能量。

上文提到过，阿姆斯特丹人和其他生活在荷兰沿海城市的人倾向于认为该国其他地区位置偏远。北方在荷兰的位置堪称孤立，尤其是在那些来自国外的人看来。拿出一张地图，就能看到它并不通往任何地方——西边和北边都是北海的海水，东边是德国东弗里斯兰省相对空旷的田野。然而，这种偏远直接在刺激许多又好又新的花园建设措施方面发挥了重要作用。

从方方面面来讲，20 世纪 70 年代和 80 年代初期对于荷兰园艺而言是一段沉闷乏味的时期。正如农业开始被大型工业化公司合并一样，商业化园艺也是如此。苗圃变得越来越高效，只生产容易大规模生产的植物，常常是为了出口到欧洲其他地区。多年生植物明显跟不上潮流。“当时只有针叶树、一些灌木，以及坚硬的一年生植物。”弗勒尔指出，“只有极少数苗圃在做有趣的事情，这极少数的苗圃包括米恩·吕斯在莫尔海姆的苗圃，还有普勒格苗圃……商业苗圃只提供种类有限的植物，因此人们会与朋友和邻居分享植物。”皮特回忆起由赫尔曼·范伯塞科姆经营的德布洛门胡克苗圃，“在当时那个几乎没有任何有趣植物的时代，它是我在荷兰遇到的第一批宝藏苗圃之一，它位于普勒格苗圃旁边，而有些在博斯科普”。他还记得，“海伦·通肯斯和她的‘野生植物’苗圃推广了本土植物和传统归化植物（stinze plants）”[1]。

“我们对北方的园艺持有非常积极的态度。”弗勒尔指出，“我们拥有女性加入花园俱乐部和开放花园的强烈文化。”花园俱乐部运动在 20 世纪 70 年代末、80 年代初迅速蔓延，有助于为种类更广泛的植物创造市场。弗勒尔在 1983 年创办了自己的德克莱恩苗圃（de Kleine Plantage）。

罗伯·利奥波德：哲学家－园丁

ROB LEOPOLD: PHILOSOPHER-GARDENER

＋

“我们在一片开满鲜花的草地上”，一个头发蓬乱、双臂张开的矮胖男人说。说这句话的时候，他在一间会议室里。所以，人们立刻就明白了，鲜花草地并不是字面意思——他指的是自己周围的人，其他参会者。

这个人是罗伯·利奥波德（1942—2005）。他是皮特和安雅的好朋友，也是新兴的种植运动的关键人物。上面这句话非常典型地体现了他言简意深的说话方式。他拥有某些非英语母语人士特有的天赋：即使不合语法，或者以在正式用法中不正确的方式表达自己的意思，也能够让别人准确领会自己想说什么。语言技巧的不完善，让他们能够说出母语人士意想不到的诗歌般的话语。

罗伯是个多才多艺的人。他与园艺界密切相关，而且确实应该被视为20世纪后期最伟大的创新者之一——如今，不可思议的一年生植物草地开始在整个欧洲的城市空间中蔓延，而他正是我们应该为此感谢的人。然而，他被人铭记的方式不是作为技术创新者，而是作为哲学家和沟通者。正如皮特回忆的那样：“罗伯的终极优势在于他能够发挥催化剂的作用，鼓励人们讨论和思考他们的活动并寻找新的机会。”

园艺成了罗伯的哲学的重要组成部分。在他看来，园艺的部分目的是定义一种融合文化和自然的新的世界愿景。和他那一代的许多人一样，他反对他所说的“普遍化的现代主义”，这体现在高楼住宅、以高速公路为中心的城市规划以及工业规模的农业生产中。野花、本土植被和传统景观的消失对他产生了深刻影响。难怪他对园艺的兴趣始于种植荷兰本土野花。

罗伯大部分时间都在用哲学术语说话。不过，他不是以自我为中心的权威形象，恰恰相反：他对新的体验、人和想法抱着非常开放的态度。在 20 世纪 80 年代和 90 年代迅速发展的荷兰花园界，他成为核心人物并参加了许多园艺会议，并且随时准备介绍别人相互认识。将人们聚集在一起是他人生使命的核心，而且，他将分发植物和种子与分发联系方式看作完成同一使命的两种方式。

罗伯在实践方面对园艺界的贡献是克鲁伊特－赫克种子公司，这家公司是他 1978 年和格罗宁根省的另一位居民迪克·范登伯格一起创办的。他们杰出的种子目录是由罗伯撰写的《厚重种子清单》，其中包含了极为丰富的细节，里面的文字和插图是知识与热情的充分融合，以至于它成了一本书，而不仅仅是待售物品的清单。它在很大程度上是其时代的一部分；当时整个工业化世界的园丁开始重新发现被遗忘的一年生花卉品种、传统品种和野生物种。

罗伯将传统一年生植物园艺与使用野花的园艺这两种概念结合起来，具体做法是创造出包含一年生植物和野花的混合种子，并将它们以小包装的形式出售给家庭园丁。这些混合种子启发了英格兰谢菲尔德大学的学者奈杰尔·邓尼特尝试类似的东西，但规模要大得多。他由此得到的"如画草地"混合种子已经成为整个时期最成功的实验之一，并启发了其他国家的从业者开展更进一步的实验。

左图：皮特和罗伯·利奥波德
右图：罗伯·利奥波德和迪克·范登伯格创办的种子公司的种子目录封面

上图：弗勒·范宗讷维尔德
下图：亨克·格里森和安东·施勒佩斯及伊丽莎白·德·莱斯特里厄（Elisabeth de Lestrieux）

大约在同一时间，一场开放花园运动也开始了。弗勒尔回忆道："在林堡和泽兰这两个南方省份，一些著名花园开始向公众开放。它们是由经常到英格兰旅行的人经营的，所以他们的大部分植物都来自英格兰。"

在这个时代，一个由北方园丁、种植商和景观设计师组成的非正式团体开始形成。他们的首要目标之一是令植物的分发配送变得更容易。1983 年，格罗宁根南部的哈伦植物园举办了一场植物展销会。哈伦植物园展销会持续了一些年，帮助许多小型苗圃打开了销路。另一项发展是 1998 年成立的一个小组，它与荷兰边境另一边的德国园丁合作，促进各地的花园开放。这个小组在荷兰名叫 Het Tuinpad Op（在德国的名字是 In Nachbars Garten）[2]，它在德国东弗里斯兰省以及荷兰格罗宁根省和德伦特省组织和宣传开放花园。自 2006 年以来，它出版了一份双语指南并建立了网站。"互相观察对方的花园，这是一种新现象。"弗勒尔指出。她认为这是一种对人们在自己的花园里工作的激励，有别人来看，他们就会展现出最好的一面。

在此期间，唯一能激发年轻一代兴趣的花园似乎是米恩 · 吕斯在上艾瑟尔省代德姆斯法特的花园，尽管有人认为它有些过时，用弗勒尔的话说，"是你父母会有的那种花园"。不过对于亨克 · 格里森而言，他的第一次拜访就像是一场顿悟。他曾向我解释："1976 年，我第一次来到米恩 · 吕斯花园……尽管在那里看到的一切我不是每一样都喜欢，但那是一段令我灵光乍现的经历。当时我正在作为一名画家勉力维生，而我突然意识到，通过园艺，我可以将我在设计、绘画和写作方面的艺术能力与我对自然的热情结合起来……两年后，我开始在普里奥纳做园艺工作。"普里奥纳花园距离代德姆斯法特不到 10 公里，所以亨克和安东以及他们的访客可以经常前往那里。1970 年，另一位画家开始对荷兰花园界产生巨大而多彩的影响。托恩 · 特尔 · 林登开始和他当时的搭档安妮 · 范达伦在德伦特省的勒伊嫩建造一个花园。他的工作得到了当时开始专攻花园的摄影师玛丽克 · 赫夫的大力宣传。对于这座花园和生长在其中的植物，托恩本人绘制并出售了许多水彩画和粉彩画。到 1999 年时，每年有超过 15 000 名访客前来参观他的园艺作品，它将强烈的色彩主题融入自然主义。在那以后，他与艺术家兼摄影师格特 · 塔巴克先后在另外两个花园一起生活和工作，首先是在林堡省，然后是在弗里斯兰省。他现在的家位于荷兰的一个相当偏僻的地区，而且在一条长路的尽头——这给人一种强烈的感觉，他现在正试图控制访客人数。弗勒尔认为，他的作品在这个国家产生了巨大影响，甚至比皮特的影响还大。“他的风格更容易被人理解和效仿，而且他一直都在做同样的事情。多年以来，皮特的风格发生了变化，有些人发现很难追随……皮特 · 奥多夫的花园看起来容易，但真要做起来就很难了。”然而，皮特和特尔 · 林登的作品拥有共同的基本特征，也是“荷兰浪潮”的核心：强调丰富多样的多年生植物，以及与自然对话的愿望。

搜寻苗圃

荷兰园丁转向英国——具体而言是英格兰——寻找有趣的植物，尤其是在 20 世纪 70 年代和 80 年代初寻找多年生植物，这个过程是自然而然的。德国有一些非常好的大型多年生植物苗圃，但是除了少数例外，它们都缺乏英国小型苗圃部门的活力和好奇心。不列颠群岛较温和的气候可能也是一个因素；某些物种能够在那里以及荷兰茁壮生长，但不太可能挺得过德国的寒冷冬季。除此之外，英国毫无疑问让很多荷兰人感觉更亲切。

英国极具活力的小型苗圃部门在此期间迎来了腾飞，尽管它实际上已经存在了一段时间。在 20 世纪 60 年代之前，多年生植物几乎从不出现在商业景观种植中，而花园多年生植物在很大程度上是根据它们对基于颜色且相当费工的种植方案的贡献被挑选和销售的。翻阅当时的目录，会发现属的范围有限，但每个属下的种类繁多，尤其是颜色变异。出现了专门化的趋势：翠雀、紫菀、菊花等。当时德国的商业苗圃提供类似的选择。不过，马格丽 · 菲什（1892—1969）和维塔 · 萨克维尔 – 韦斯特（Vita Sackville-West，1892—1962）等作家在拓宽 20 世纪中期英国园丁的视野

托恩·特尔·林登的种植设计

卡尔·弗尔斯特
KARL FOERSTER

＋

卡尔·弗尔斯特（1874—1970）可能会成为有史以来最有影响力的园丁。作为一名苗圃主和植物育种家，弗尔斯特同时也是一名哲学家；他的写作方法令他的作品难以被非德语读者翻译或理解。他的兄弟弗里德里希·威廉·弗尔斯特是一位著名的和平主义者，也是抨击纳粹政权的著名知识分子评论家。他在战争期间逃亡美国。在某种程度上，弗尔斯特本人也是一位抵抗分子，他通过在苗圃中雇用犹太人来庇护他们——和在英国不同，德国在二战期间并未立即禁止观赏植物的种植。弗尔斯特勇敢之举的另一个受益人是瓦尔特·丰克，那个著名的蓍草品种就是用他的名字命名的。丰克是共产党员，曾被纳粹政权判处 4 年监禁，战后他成为社会主义国家德意志民主共和国最重要的景观设计师之一；弗尔斯特为他提供了工作和掩护。弗尔斯特标志性的贝雷帽是 20 世纪中期艺术和政治激进分子的首选帽子；他的一些追随者也戴这种帽子，例如恩斯特·帕格尔斯和汉斯·西蒙。

当弗尔斯特在 1903 年接手自己父母的苗圃时，他的任务是从当时众多混乱的品种中挑选和种植一系列植物，并将美丽和可靠性结合起来。过了些年，他开始在柏林城外波茨坦的波尔宁建设他著名的花园。它的平面布局以英式风格的下沉花园为中心，而且融入了各种栖息地，这些栖息地反映了他的兴趣，不只是对当时流行的以色彩为主题的园艺的兴趣，还有对蕨类植物和禾草等更安静的美丽植物的兴趣。作为一名育种者，他主要培育高度商业化的翠雀、福禄考、菊花和紫菀——但也培育禾草。他一共培育出了大约 370 个植物品种。

作为园艺作家和无线电广播员，弗尔斯特越来越出名，而他的房子和花园成了所谓的波尔宁人圈子的聚会中心，这个圈子包括花园和景观设计师，但也有建筑师、作家、艺术家和音乐家。园艺在二战前的德国是一项受到文化精英严肃对待的活动，它连接了那些对绘画、哲学、音乐和自然感兴趣的人。尽管这一时期最显赫的自然主义花园设计作家威利·朗格为弗尔斯特的一本书写了序言，但他与朗格及其只使用本土植物的“北欧花园”保持了距离，并谴责只偏爱德国本土物种的纳粹政策。他会提醒自己的读者，花园植物就像他们餐桌上的食物一样，“来自地球的五大洲”。

卡尔·弗尔斯特，1967 年

“二战”后，弗尔斯特发现自己身处德国被苏联统治的部分。他受到社会主义政权的尊重，继续参与经营他的苗圃，尽管它实际上已经成为国有企业。事实上，它是德意志民主共和国唯一的多年生植物苗圃。退休后，他继续写作，作品在全世界出版。他还参与了多个公共花园的设计、种植和重建，包括魏玛的歌德花园。他在波茨坦完成的友谊岛公共花园，如今是德国最著名且有完善标签的多年生植物资源库之一，并且是真正的生存高手——它是在纳粹政权期间被委托建造的，由社会主义政权维护，并在两德统一后进行了修复。

弗尔斯特的遗产包括许多新的植物品种、大量图书和讲座、凭借自身能力继续施展影响力的学生，以及整整一代的园丁。“栖息地种植”的创始人里夏德·汉森是他的门徒，华盛顿特区厄梅范斯韦登景观建筑公司的沃尔夫冈·厄梅虽然没有被他教过，但也可以称为他的“徒孙”。

方面做了许多工作，主要是通过在读者众多的报纸上撰写定期周末专栏，其次是通过图书。

20 世纪 50 年代的“灰色十年”对于许多英国女性而言却是活泼生动的，因为就像园丁一样，插花俱乐部也在从业者兼作家如康斯坦茨·斯普赖（1886—1960）等的激励下快速发展。当代插花风格极大地拓宽了被认为可接受的花卉——以及叶片和其他植物部位——的种类。在众多热忱的业余花艺师中，贝丝·查托开始种植一些更“不寻常”的花卉并将它们用作切花。于是，最有影响力的园艺职业生涯之一就这样开始了。她从一家开业于 1967 年的苗圃开始自己的事业，后来又大量写作和演讲。她的影响力不容小觑。贝丝既有魅力又专心致志，事实证明，作为苗圃主、参展商和作家的她势不可挡。她在切尔西花展上的早期展品（第一次参展是在 1976 年）受到评委的批评，因为其中包含当时不被视为花园植物的植物，例如星芹和大戟属植物。另一位重要创新者是艾伦·布卢姆（1906—2005），他的布雷辛厄姆花园是在 1955 年作为苗圃和展示园开办的，也发挥了推广多年生植物的作用，而且既将它们作为植物推广，也作为不规则种植风格中的特征进行推广。布卢姆是成立于 1957 年的耐寒植物协会背后的关键人物之一，这个协会令数量日益增长的业余爱好者能够保持联系。

到 20 世纪 80 年代初期，一个由小苗圃组成的相当规模的苗圃网络开始种植多年生植物，而且热忱的家庭园丁已经形成了足以支撑它们的市场。因此，英格兰自然成了皮特寻找植物的目的地。对于他和许多其他荷兰园丁、种植商而言，幸运的是这些苗圃绝大部分都集中在英格兰资源丰富的东南角。只需要开车登上班次频繁的跨海峡渡轮，就能找到一个园艺天堂。一个关键动态是对植物跨境运输的逐步放宽——这是英国作为欧盟成员的众多好处之一。1995 年通过的申根协议的部分内容最终消除了对观赏植物的任何控制，它取消了许多欧洲国家之间对护照和

上图：皮特在艾伦·布卢姆的花园里挖掘多年生植物
下图：贝丝·查托和米恩·吕斯

其他管控的要求。

尽管德国的多年生植物苗圃或许不如英国苗圃那样具有创新性，但它们在很多多年生植物属的集约育种方面有着悠久的历史。它们的产品清单令人印象深刻，过去培育并传承下来的品种比英国苗圃的更多，英国人从1950 年起放弃了很多品种。彼得林登苗圃和哈格曼苗圃以它们种植的福禄考、鬼灯檠、堆心菊、落新妇、禾草和蕨类的种类多样而闻名，而由海伦·冯·施泰因·齐柏林——齐柏林伯爵夫人——在 20 世纪 30 年代建立的齐柏林大苗圃以罂粟类和鸢尾类闻名。在巴伐利亚的弗兰肯地区有一座苗圃的园艺师汉斯·西蒙回忆说，一些比较杂乱的小型英国苗圃拥有大量天然物种，而不是杂交种和栽培品种。

在这一时期，皮特每年都会数次越过德国边境，前往小镇莱尔看望恩斯特·帕格尔斯，德国最杰出的苗圃主之一。此时帕格尔斯已经 70 多岁了，他曾是卡尔·弗尔斯特的学生，仍在积极地经营他的业务并进行植物选育。“我们去拿最新的植物，将它们带回家……而且，我们交换了很多。”皮特回忆道。帕格尔斯提供的很多植物后来在皮特的设计作品中成为骨干材料，包括“瓦尔特·丰克”蓍草、“紫矛”落新妇、“亚马孙”块根糙苏，多个林地鼠尾草品种，如“紫水晶”“蓝山”“东弗里斯兰”“吕根”“舞者”和“维苏维”，以及弗吉尼亚草灵仙品种“淡紫尖塔”和“戴安娜”。

遇见一个志趣相投的人

皮特和安雅起初建立他们的苗圃，是为了用种出来的植物供应皮特的花园设计业务，但是正如我们现在所知道的，这座苗圃开始有了自己的生命。园艺爱好者前来购买他的植物，尤其是不寻常的新植物。这座苗圃帮助打造了奥多夫夫妇的名气，让他们赚了一些钱，也结识了新朋友。最早的访客之一是亨克·格里森。

作为一名园丁，亨克在广大公众中有着相当大的影响力：前往代德

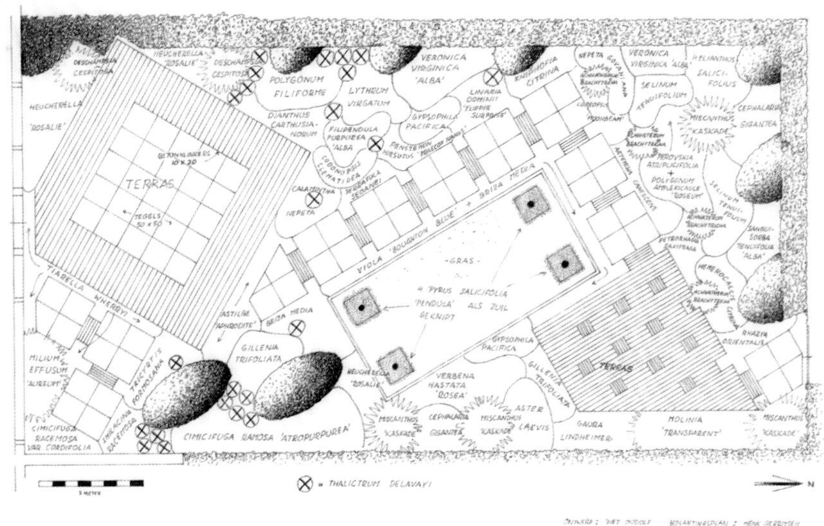

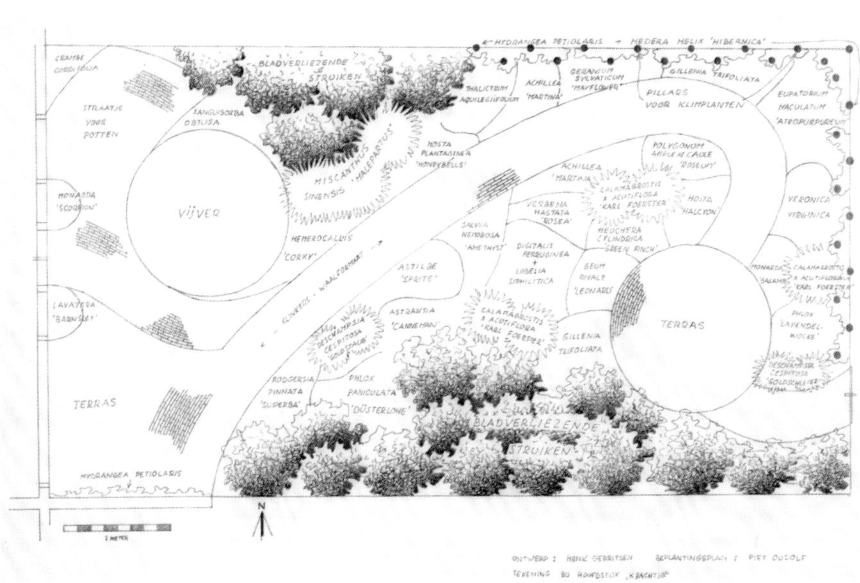

用在《种植自然花园》一书中的平面图，
分别出自奥多夫和亨克·格里森之手

恩斯特·帕格尔斯

ERNST PAGELS

+

恩斯特·帕格尔斯（1913—2007）是20世纪后期德国最伟大的苗圃主和植物育种家之一。作为一个年轻人和园艺学徒，帕格尔斯经常前往弗尔斯特位于波茨坦附近的家中拜访他；弗尔斯特已经不可避免地成为帕格尔斯这一代人心中的权威人物。在战争以及一段作为战俘的岁月结束后，他在1949年回到家中。他回忆道："这是我在经历了一段噩梦般的时光后第一次见到卡尔·弗尔斯特。他的话语、他的安慰、他的善良是对抗深度抑郁的一剂良药。"[3]这位老人传承下来的礼物包括一包林地鼠尾草的种子，这种植物常见于德国东部的干旱草地。这包种子让帕格尔斯开始了一生的植物选择育种。他从中培育出了"东弗里斯兰"，这是一种非常好的植物，开深蓝紫色花，株型紧凑，而且有修剪后重复开花的习性。在帕格尔斯一生中，他从30个属中选育出了130个多年生栽培品种，其中包括13个鼠尾草品种。

除了第一印象，他选择品种的标准与我们所说的"园艺价值"有关：寿命、观赏期（不只是花期，还有整体上保持整洁的时间），以及相对紧凑的株型。这些性状导致他选育出的品种至少有一半至今仍在进行商业生产。

帕格尔斯深受德国和荷兰同行的尊重，而且是在这两个国家之外颇有名气的少数几个德国种植商之一。拜访他在莱尔的苗圃几乎让人有一种朝圣的感觉——我自己就有这种感觉。在我的记忆中，帕格尔斯是个外形令人印象深刻的人，戴着标志性的贝雷帽。他种出了一些我见过的最大的芒丛，而且在他凸出地面的苗床上，树皮里冒出了羊肚菌。我还记得一些色彩斑斓的非洲衬衫——莱尔位于重要港口不来梅附近，多年来帕格尔斯结识了几个来自加纳的水手。尤其是加纳人伊萨·奥斯曼，他与帕格尔斯非常亲近；后来，他成了帕格尔斯的看护人，至今仍然积极参与这座苗圃转型而成的公共花园项目的管理。当然，还有东弗里斯兰茶道——一项可以追溯至2个多世纪前的传统。它是浓茶加特殊的糖晶体和奶油牛奶，如今以“茶乳”之名装在纸盒里销售。

斯洛文尼亚的电视节目制作人斯塔内·苏什尼克也曾拜访恩斯特·帕格尔斯，并回忆道：“我感到很自豪，自己能够见到至少一些在这种园艺风格方面如此有影响力的人。这让我意识到，我们的草地和林地边缘中的所有东西都可以使用，但不是按照它们在自然中出现的方式使用，我们可以挑选出物种和品种，将它们组成大的群体，还可以混合它们。”

园艺作家迈克尔·金告诉我：“我们过去每年都为他的生日办一场午餐会。很多荷兰苗圃主都会过来相聚……如此多的荷兰苗圃人将他看作鼓舞自己的人……皮特和安雅总是会来，汉斯·克拉默、库恩·扬森、布里安·卡布斯（Brian Kabbes）、亨克·格里森也来过几次……我们会带他去一家不错的餐厅，我们为午餐买单，恩斯特会坐在桌子一头的主位。”当帕格尔斯去世后，他将苗圃留给了一个基金会，该基金会现在将它改造成了一个鲁道夫·施泰纳幼儿园和一个公园，其中种植着他培育的大量植物。

恩斯特·帕格尔斯，1993 年

亨克·格里森和安东·施勒佩斯极具影响力的
普里奥纳花园

姆斯法特的米恩·吕斯花园朝圣的人可以顺道看他的普里奥纳花园。亨克一直到去世前都在坚持写作，他还以顾问身份产生了影响，最著名的一次是在英格兰伯克郡的沃尔瑟姆乡间宅邸（Waltham Place）。这座20世纪早期的规则式花园，如今是英格兰最有自觉意识的野生风格花园之一，这要归功于业主斯崔丽·奥本海默聘请了亨克前来指导她和她的园艺员工——这些员工的领导者是比阿特丽斯·克雷尔，她之前曾是米恩·吕斯花园的首席园丁。

皮特对普里奥纳花园的拜访以及与亨克的讨论，对他作为设计师的发展非常重要。“亨克当时在将种植引导到自然背景中，”皮特回忆道，“当我们开始谈话时，我正在尝试开发种植设计，但不得要领。我发现我做的东西不够自然而然。”通过观察普里奥纳花园，皮特开始放松他的设计风格。“通过亨克，”皮特说，“我了解到种植也和植物的结构、形状和特性有关。氛围、季节性、情感——这些都很重要。通过亨克，我们发现了即使在不开花时也很棒的植物。他向我指出这一点不知道多少次了。我们在植物全盛时期以外的时间观察它们。”亨克和皮特帮助彼此，开发出了一种全新的设计和种植方式。

当特拉出版社（Terra Publishing）在1989年请皮特写一本书时，他意识到写作不是自己的强项；他转向亨克寻求帮助。他们在一起讨论他们最喜欢的植物，亨克撰写了文字，安东拍了照片。他们的想法是，他们的名字将在封面上占据同等地位；出版社有别的想法，只想写皮特的名字，这也许是对他当时越来越大的名气的认可。皮特不得不坚决要求让亨克的名字占据应有的位置。在那一年非常炎热的夏天，安东在普里奥纳花园和许默洛辛苦地拍摄，有时气温超过30℃；接下来的冬天，亨克坐在电暖炉前撰写文字。第二年出版的《梦幻植物》，向世界推出了一系列独特的多年生植物。瑞典语版很快问世，9年后续作《更多梦幻植物》出版。后者于1999年以英文出版，书名改成了《自然花园中的梦幻植物》，而最早的《梦幻植物》在2003年以《种植自然花园》的书名出版。1993年，也就是安东去世的那一年，他和亨克出版了他们自己的书《与自然玩耍》，

亨克·格里森

HENK GERRITSEN

1982年，亨克·格里森（1948—2008）以顾客的身份首次来到许默洛。“他看过我们的小目录，”皮特回忆道，“他说他之前从未见过这样的目录，他买了一些植物，他又回来了，我们开始聊天。”在亨克的记忆中，这座苗圃“是一个让人惊喜的发现。我不停地回去……他的植物不一样，是没人见过的东西……他有各种各样的微妙色调，看起来比其他植物更野。（他）关注植物开花后的外表：果实，秋色，冬季轮廓”。后来，皮特和安雅带着孩子们去参观亨克和安东·施勒佩斯一起建造的花园。皮特记得对普里奥纳花园的体验是“完全野生的——野花融入了苗圃植物之中”。最重要的是，他理解并喜欢亨克“与自然玩耍”的信条。

普里奥纳花园一开始是亨克和摄影师安东的联合项目。安东是这段花园合作关系中的艺术部分，亨克是博物学家和生态学家。安东在1993年去世，此后亨克独自一人继续打理花园。这座花园成了他对安东的记忆的重要组成部分。两人都深受欧洲野花群落的启发，在亨克丰富的生态学知识的指导下，他们试图尽可能多地将野生草地和其他植物群落带给人的感觉引入这座花园。它故意保持不修边幅的状态，但包括割草草坪和树篱区域，还拥有更传统花园的其他方面。各种各样的雕塑和树木修剪造型帮助营造出一种古怪的——实际上是幽默的——气氛。按照20世纪90年代开发的一些自然主义花园的标准，它不会被看作很有野性，但是当两人在80年代初开始向公众开放这座花园时，从一些游客的反应中可以清楚地看出，他们正在做的事情是非常规的。它没有得到普遍的理解或赞赏。

和很多搬到乡下的城市居民一样，亨克和安东为他们的乡村生活注入了强烈的浪漫主义色彩。当他们尝试首次种植蔬菜时，害虫和植物抽薹让他们措手不及，并被解读为他们不适合当农民的证据。然而，在看到蔬菜的花和种子穗拥有其独特的美感时，他们便开始在种植蔬菜时有意让它们结实。他们喜欢在一年生植物和野花旁看到韭葱高而粗壮的茎秆、卷心菜，以及欧防风的花。对于一些访客而言，花园的这一部分几乎是令人震惊的。

普里奥纳花园以及亨克整体上的工作得到了伊丽莎白·德·莱斯特里厄的推广，她是一位室内设计师，也是花园和烹饪书作家。她对罗伯·利奥波德等园艺界人士很友好，亨克用她的绰号卡杰（Kaatje）命名了这座花园最后几部分中的一块。卡杰园的中央是一团巨大的红豆杉，它被修剪成了抽象的有机形态，隐约令人想起抽象雕塑。它的四周环绕着观赏禾草和野花。作为荒野与树木修剪造型之间的创造性张力的现代主义表达，它给来访者带来了巨大的视觉冲击。

很多园丁是通过玛丽克·赫夫的作品知道普里奥纳花园的。她捕捉到了这座花园的一种特殊品质，这种品质从此变得极具影响：茂密的大量种子穗、枯死的茎和枯萎的叶片。玛丽克将这种混乱和腐朽置于秋日阳光下浸泡，并由此开始让很多人相信种子穗的价值。对于亨克来说，他的搭档死于艾滋病，他自己的健康状况也不怎么样，因此花园的这一特殊方面变得非常重要，但并不是以悲惨或令人害怕的方式。“以前人们总是害怕花园里的死亡，”亨克有一次对我说，“每一片黄色的叶子都是瑕疵，必须摘掉……但是，现在整整一代人都认识了死亡。所以，我们不再禁止它进入花园。”然而，21世纪头十年，他觉得自己已经表达了自己的观点，说他不希望普里奥纳再被称为“死亡花园”。在他于2008年去世后，花园未来的不确定性导致一群朋友开始承担起维护它的责任。虽然它已被售出，但新的业主对他的理想深有同感，再次将它向社会公众开放。

从左至右：亨克·格里森、安雅·奥多夫、埃里克·布朗（罗茜·阿特金斯的丈夫）、一位植物学家、皮特·奥多夫和梅特卡·齐贡，摄于2000年一次斯洛文尼亚野花观察之旅途中

讲述他们去旅行观看野花以及尝试将他们的发现引入花园的经历。

《种植自然花园》很有趣，而且至今仍然有指导意义。章节标题充分说明了皮特和亨克当时正在讨论的概念。他们以设计为导向对植物进行分类，传统的植物参考书几乎从不这样做。这些标题看起来也很怪："炽热的""郁郁葱葱的""空灵的""宁静的""旺盛的""银色的""禾草的""阴郁的？""秋天""美妙的"。还有一章的标题是"好邻居"，强调了在组合搭配中考虑多年生植物的重要性。作为一名职业作家，我必须说我喜欢亨克的写作风格。这种风格闲散、简洁、信息丰富，诙谐而诚实——他是我最欣赏和最想效仿的园艺作家。

开放日：一种新的会面方式

植物展销会是当代花园生活的一部分，以至于很难记得没有下列场景的时候：苗圃主开着面包车出现，摆放植物，焦急地等待着顾客到来。在大约第一个小时里，通常是脚步狂乱的植物鉴赏家们急匆匆地浏览摊位，寻觅稀有植物或者自己愿望清单上的东西。一旦节奏平稳下来，讨论就会转变成顾客和卖方之间的认真对话，或者是不那么认真的对话，摊主耐心地解释起一些他们自己认为非常基础的东西。

20 世纪 80 年代，整个北欧对园艺和造园史的兴趣显著增长。在英国，一些最好的植物展销会是由新成立的全国植物和花园保护委员会[4]的郡级团体组织的。我自己当时有一个小苗圃，至今还可以清楚地回忆起我在许多展销会上销售植物的状况。在有些情况下，对稀有植物的搜寻可能会变得相当激烈：我记得当深红色的中欧孀草第一次出现时，英格兰世家大族的体面女士几乎为它争吵起来。如今，任何一家园艺中心都有它的身影。

短时间内设立了如此之多的植物展销会，这就是时代精神发挥作用的一个例子。有些人开始独立于其他人办展，然后又有很多人效仿这个

FLORA
KWEKERIJ
OUDOLF

上图：亨克·格里森、安雅·奥多夫及皮特·奥多夫
下图：许默洛的一次开放日

概念。1983 年 9 月，格罗宁根附近的哈伦植物园举办了一场植物展销会，而在 10 月，10 多家苗圃在巴黎南部的库尔松庄园举办了一场植物展销会。后者如今是欧洲同类活动中首屈一指的。同年 8 月的最后一个周末，奥多夫夫妇在许默洛举办了他们的第一个开放日。

“我们的想法是将人们聚在一起，”皮特说，“我们当然想创造一些收入，但我们觉得把一些对植物有相同兴趣的种植商请过来也是个好主意，这相当于为我们所有人打广告。”奥多夫夫妇出售自己的植物，并邀请其他苗圃和植物相关企业出售他们的商品。“第一年没有很多其他苗圃加入我们，但我们有罗伯（·利奥波德）和他的种子、丽塔·范德扎尔姆和她的球根植物，以及沃特·普勒格和迪克·普勒格兄弟经营的普勒格苗圃。因为罗姆克的缘故，克里斯托弗·滕纳德也来了。”在后来的几年里，更多苗圃受到邀请，包括库恩·扬森苗圃和德克莱恩苗圃。1987 年，又来了一些其他商人，包括伊丽莎白·德·莱斯特里厄、两个古董书商和一些卖专业工具的人。安雅做了很多组织和宣传安排工作。

在第一年之后，这个活动总是在 9 月的第一个周末举办。一开始访客有数百人，但很快就增加到数千人。起初，他们全都来自荷兰和比利时，但后来会有人从丹麦、瑞典和德国过来。这里没有停车场，所以汽车只能停在路边。库恩·扬森是早期参与者，他记得“我们都是年轻的苗圃主，过来展示和销售我们的植物……皮特没有收取任何东西作为费用……他一直很聪明，而且他在广告方面很有天赋……但他并不自负。我们在那里都是平等的”。对于年轻一代的园丁和苗圃主而言，开放日也是一个获得想法和植物、认识别人、建立联系和自我介绍的机会。花园界是一个非常开放和友好的世界。从业者很乐意传递种子、插条、地址和电话号码。

然而，到 1997 年，开放日已经走到了尽头。随着全国各地涌现出许多其他活动，最初的活动显得不再特别，所以奥多夫夫妇决定将活动时间推迟到 9 月晚些时候的一个周末，并将开放日改成禾草日，以宣传他们正在使用并希望推广的关键植物类群之一。罗伊·兰开斯特、耶莱娜·德贝尔德和佩内洛普·霍布豪斯等重要园艺名人向众多受邀嘉宾做精彩演讲，这些嘉宾代表着欧洲最具前瞻性的园丁。“那是一场盛大的派对，”《园艺画报》杂志的第一任编辑罗茜·阿特金斯（Rosie Atkins）回忆道，“有点像库尔松的展销会，有货摊。我遇到了一些优秀的人，比如斯尼伯，他们制作手工工具……我最喜欢的是安雅和她所有来帮忙的女朋友们。我们会喝很多豌豆汤，坐下来谈论植物。”

回顾过去，很显然许默洛开放日不仅让皮特和安雅向世界介绍了自己，还让他们结识了许多其他志同道合的人并建立起人际网络。例如，罗茜记得“皮特在一个早期开放日向我介绍了玛丽克·赫夫，她提供了大量我们在英国没见过的新花园的照片”。皮特尤其记得在他们的第一个开放日周末见到了罗伯·利奥波德。“我们从亨克·格里森那里听说过他和克鲁伊特-霍克种子公司。所以，我给罗伯打电话。他很感兴趣，想马上加入我们。在我们房子后面的塑料大棚里，罗伯把他所有的包装种子挂起来展示。我觉得很棒。我从来没有见过这种情景。”皮特甚至将开放日此后持续的成功部分归功于罗伯：“对我们两个人，他都给了实际的支持……例如帮助安雅组织了苗圃的宣传活动。他为很多人做过这类事情，而且他总是以巨大的能量将人们彼此连接起来。”

开放日不仅仅是一个销售产品和推广业务的机会——它还成了一种社交和知识交流。“罗伯一直想让我解释是什么在工作中激励我，这一切都是从哪里来的。”皮特说，“这种持续的讨论有点儿像一个不断重复的循环，每一次都进入更深的阶段——或者说更高的阶段，直到它抵达极乐天堂。罗伯成了非常亲密的朋友，我们在开放日之后的谈话总是持续到凌晨两三点。主题总是关注事物的深度、广度和丰富性。”

埃瓦尔德·许金是最早从德国过来参加开放日的人之一。那时，他还是个刚起步的年轻人——如今，他位于德国黑森林地区弗莱宝市中部的苗圃是欧洲最令人兴奋的园艺师苗圃之一。它充满了新颖的耐寒多年生植物和适合夏季种植的娇弱物种。库恩·扬森还记得一位更年轻的开放日造访者，但他的身份是顾客而不是卖家：汉斯·克拉默。汉斯后来成为荷兰苗

上图：耶莱娜·德贝尔德和佩内洛普·霍布豪斯
下图：罗伯·利奥波德

圃领域的伟大创新者之一，无论是就他的植物种类还是就他在盆栽堆肥基质方面的工作而言。

许默洛开放日实际上已经有了本地继任者。1996 年，宾格登之家举办了首个苗圃日，它实际上就在从奥多夫家到阿纳姆的半路上。厄热妮·范韦德参加了库尔松庄园的第一次活动，而她的丈夫认为在宾格登举办类似活动会很棒。过了几年，她邀请皮特、罗伯和罗姆克共进午餐。“他们都很热情，”她回忆道，“他们帮助我们选择了最初的苗圃销售商。我们把他们三个看作创始人，或者用荷兰语说是‘教父’。”这个活动的摊位数量已经从最初的 30 个增加到现在的 100 多个，实际上已经成为“荷兰的库尔松”。然而，厄热妮保证了它的意图仍然是纯粹的。“(我们只卖）植物和跟植物有关的东西。我们没有餐巾纸和香薰蜡烛。”

到 20 世纪 80 年代后期，皮特的“研发”时代的第一阶段已经结束。拥有一系列令他自信的植物种类，周围有一群志同道合的人，并且在蓬勃发展的整个西北欧园艺业崭露头角，他的起点非常不错。但是，距离皮特的功成名就或者许默洛多年生植物花园面目一新地建成，还有很长的路要走。

OUDOLF
VASTE PLANTEN
BAMBOES EN
SIERGRASSEN

OUDOLF
VASTE PLANTEN
BAMBOES EN
SIERGRASSEN

PIET OUDOLF

OUDOLF

oudolf

OUDOLF

OUDOLF

OUDOLF
vaste planten
siergrassen

www.OUDOLF.com

安雅的最爱

Anja's favorites

安雅·奥多夫在试种园

“瓦尔特·丰克”蓍草
Achillea “Walther Funcke”

“不锈钢”乌头
Aconitum “Stainless Steel”

白果类叶升麻
Actaea pachypoda

“弯刀” 类叶升麻
A. “Scimitar”

雨璃草
Adelocaryum anchusoides

“夏日美人”葱
Allium “Summer Beauty”

柳叶水甘草
Amsonia tabernaemontana var.salicifolia

草玉梅
Anemone rivularis

加州楤木
Aralia californica

粉花马利筋
Asclepias incarnata

柳叶马利筋
A. Tuberosa

“小卡洛”紫菀
Aster “Little Carlow”

“阿尔玛·珀奇克”紫菀
A. “Alma Pötschke”

“十月天空”芳香紫菀
A. oblongifolius “October Skies”

“罗马”星芹
Astrantia “Roma”

“蓬乱”大星芹
A. major subsp. involucrata “Shaggy”

白花赝靛
Baptisia leucantha

“杰克·弗罗斯特”大叶蓝珠草
Brunnera macrophylla “Jack Frost”

距缬草
Centranthus ruber

胭红距缬草
C. r. var. Coccineus

蓝雪花
Ceratostigma plumbaginoides

“白花”柳兰
Chamerion angustifolium “Album”

“保罗·布瓦西耶”菊花
Chrysanthemum “Paul Boissier”

“中国紫”大叶铁线莲
Clematis heracleifolia “China Purple”

“紫红”直立铁线莲
C. recta “Purpurea”

二裂叉叶蓝
Deinanthe bifida

雨伞草
Darmera peltata

“年份红酒”紫松果菊
Echinacea purpurea “Vintage Wine”

“巨伞”斑茎泽兰
Eupatorium maculatum “Riesenschirm”

“巨青铜”茴香
Foeniculum vulgare “Giant Bronze”

“巴克斯顿品种”宽托叶老鹳草
Geranium wallichianum “Buxton’s Variety”

“激情火焰”路边青
Geum “Flames of Passion”

星草梅
Gillenia trifoliata

云南甘草
Glycyrrhiza yunnanensis

“金发女郎”堆心菊
Helenium “Die Blonde”

大花玉簪
Hosta plantaginea var. Grandiflora

北方蛇鞭菊
Liatris borealis

短齿山薄荷
Pycnanthemum muticum

“亲爱的安雅”森林鼠尾草
Salvia × sylvestris “Dear Anja”

加拿大地榆
Sanguisorba canadensis

细叶亮蛇床
Selinum wallichianum

伪泥胡菜
Serratula seoanei

“白花”偏翅唐松草
Thalictrum delavayi “Album”

“艾琳”唐松草
T. “Elin”

“猛犸”铁鸠菊
Vernonia crinita “Mammuth”

“爱慕”弗吉尼亚草灵仙
Veronicastrum virginicum “Adoration”

“诱惑”弗吉尼亚草灵仙
V. v. “Temptation”

禾草和莎草

似雀麦薹草
Carex bromoides

刺金须茅
Chrysopogon gryllus

丽色画眉草
Eragrostis spectabilis

“雷云”芒
Miscanthus sinensis “Gewitterwolke”

“武士”芒
M. s. “Samurai”

“摩尔海克斯”蓝沼草
Molinia caerulea subsp. caerulea “Moorhexe”

“仙纳度”柳枝稷
Panicum virgatum “Shenandoah”

蓝刚草
Sorghastrum nutans

大油芒
Spodiopogon sibiricus

异鳞鼠尾粟
Sporobolus heterolepis

针茅
Stipa tirsa

BECOMING KNOWN

声名渐起

奥多夫在 20 世纪 80 年代后期设计的两个私人花园，上图是范施特格花园，下图是帕特诺特 / 范德拉恩花园

到 20 世纪 80 年代后期，皮特·奥多夫开始吸引新客户，而苗圃的顾客圈子也在扩大。英国耐寒植物协会的会员属于最早从国外“发现”他和安雅的人群之列。1987 年，该协会的一名会员在其时事通信上撰写了一篇访问许默洛的报告；这篇报告开头首先强调荷兰人传统上以球根生产商而不是多年生植物种植商而闻名，但她指出，“荷兰人对耐寒植物的知识和兴趣都非同一般，而且增长迅速，我相信他们在这个领域有美好的未来”。在来到荷兰的第二天，来访者“开始了 1 个小时的旅程，前往阿纳姆附近的许默洛，景观设计师皮特·奥多夫在那里经营着他占地 1.3 英亩（约 5261 平方米）的苗圃和花园。两者都反映了他结合色彩天赋的设计能力。对于他的景观作品，他种植了每个品种中最好的植株，并选择那些耐寒的品种。紫叶升麻是明显的证据，它与漂亮的‘索诺拉’紫菀以及高两英尺半、长出有趣圆锥形花序的短毛羽茅种在一起。我的目光被悍芒的美丽所吸引……这里的所有禾草都长得很好，而且花序比大多数其他栽培中的禾草都大得多。在他一流的藏品中……最杰出的是高大健壮的‘赤狐’芒，株高达 6 英尺（约 2 米），花序紧密而厚实，是用于景观美化的当然之选。我对芒属不太熟悉，它们简直让我应接不暇，很多是来自德国的新品种……禾草和竹子都很出色，给我留下了深刻的印象”[1]。

一位早期的客户是汉斯·范施特格。在花园中占地约 1 200 平方米的区域施展身手，皮特有足够的空间来创造出与他标志性的多年生植物和禾草的规模相适配的东西。在夏天，健壮的玉米常常包围这里，而他使用大型多年生植物打造的大花境被农田围绕着，让它们看起来像是与玉米田并行的观赏版本。房子旁边有一个内向型私人花园，里面种着修剪整齐的红豆杉和黄杨。最后，皮特创造了一个展示花园，这么做的重点在于让他有机会在一年当中的任何时候和任何天气下拍摄自己的作品。范施特格先生在克罗地亚有一家服装厂，他每年都会过去看看；有一年他邀请皮特同行，这让皮特有机会访问这个国家，它所属的地区拥有丰富的生物多样性，为我们的花园作出了巨大贡献。

房子已经修葺一新，还有一座让他引以为豪的花园，皮特觉得许默洛已经准备好向潜在客户展示了。在我头几次去许默洛的时候，皮特有一天对我说："如果有人联系我，并且想跟我谈谈设计花园的事，我会告诉他先来这里看看。"20 世纪 90 年代初，他承接了许多私人花园委托和一些商业项目——开发商突然想要在新办公楼周围种植比通常情况下使用的大片常绿灌木更有特色的东西。1991 年的一个此类项目是给位于萨森海姆的范埃尔堡印刷公司做的。皮特为这家公司布置了总面积超过 2 000 平方米的花境。

让皮特能够越过荷兰边境，前往国外观察、购买或采集植物的机会也出现了。1989 年 11 月 9 日，曾将德国人民冷酷地分为北约成员国德意志联邦共和国（简称联邦德国或西德）和苏联扶持的德意志民主共和国（简称民主德国或东德）的柏林墙，被民主德国改革派领导层正式开放。一周后，当东德民众涌过边境，瞪大眼睛瞅着西德商店橱窗里的各种消费品时，皮特和库恩 · 扬森驾车向东。他们的目的地是卡尔 · 弗尔斯特的花园兼苗圃，它位于波尔宁——柏林附近波茨坦的一个郊区。

弗尔斯特在 1970 年去世，享年 96 岁，但他的妻子埃娃和女儿玛丽安娜仍然生活在这栋房子里。它著名的下沉式花园此时大部分已被树木遮盖。根据皮特的记忆，那里"没有地方住，因为所有人都想在柏林四处看看和做点儿生意……我们最后住进了苗圃的棚屋”。苗圃还在，但是他回忆道：“它是国有企业……所有东西都按照农田里的方式种植。”经理开发出了增加自己收入的旁门左道——皮特和库恩发现“他有自己的一块地，里面种的植物会被他拿到周末市场上去卖”。在这里，皮特说：“我记得我们在后花园发现了‘羽毛’林地鼠尾草。库恩买了一些翠雀，但这里几乎没剩下什么真正有价值的东西，我们没有发现隐藏的稀有品种。”

通过口耳相传、偶尔刊出的杂志文章，以及对很多人而言有可能在苗圃中发现新植物的吸引力，前来许默洛参观的人数开始增长。皮特的名声开始蔓延到荷兰边境之外的最早迹象是显而易见的。1991 年，皮特受邀担任在库尔松举办的植物日的评委。库尔松是位于巴黎南部的一个旧庄园，有一个按照“英式风格”布置的美丽公园，安排有不规则布局的树木和水体。自 1983 年以来，帕特里斯 · 菲斯捷、埃莱娜 · 菲斯捷夫妇和奥利维耶 · 德内尔沃 – 洛伊斯、帕特里夏 · 德内尔沃 – 洛伊斯夫妇每年在这里举办两次植物展销会。法国各地的苗圃——以及一些来自比利时、荷兰和英国的苗圃——来到这里，向热情的公众出售植物。苗圃摊位和植物还会被由杰出园艺职业人士组成的评审团评判。在 1991 年受邀加入评审团后，皮特担任了 10 年的评委。他在评审团的同事包括英国最著名的园艺师罗伊 · 兰开斯特，以及长期以来一直支持使用多年生植物的德国苗圃主汉斯 · 西蒙。

库尔松是兰开斯特在 20 世纪 90 年代初将皮特介绍给罗茜 · 阿特金斯的地方，罗茜当时是伦敦杂志《园艺画报》的编辑，实际上是创始编辑。至关重要的一点是，她是在英语出版物上第一个写到皮特的人。1994 年 4 月，这份杂志的第 7 期刊登了一篇关于他和许默洛的文章。从那以后，他的几乎每一个重要的花园和景观项目都会出现在这份杂志上。

罗茜和她的丈夫埃里克与皮特和安雅成了非常要好的朋友。“这就像是一见钟情。”罗茜说。“我们之间绝对很投缘。在那个时候，他的英语

上图：奥多夫在柏林墙倒塌后不久抵达东德
下图：安雅·奥多夫和英国《园艺画报》杂志的创始编辑罗茜·阿特金斯

收藏品 I

Collecting I

皮特和安雅一直在收藏手工艺术陶瓷。我清楚记得有一段时间，陶瓷的数量简直令厨房不堪重负。近些年来，安雅将她的收藏重点放在了布卢姆斯伯里团体的陶瓷上，尤其是昆汀·贝尔的作品。

由英国艺术家和知识分子组成的布卢姆斯伯里团体长期以来一直令大众着迷。他们活跃于 20 世纪 20 年代，为艺术和文学带来了鲜艳的色彩、天真的美丽、自由的思想和创造性的洞察力。该团体的一部分人半集体地生活在苏塞克斯郡的一座名为查尔斯顿的旧农舍里。这个地方如今向公众开放，并作为该团体的非官方博物馆。昆汀·贝尔（1910—1996）是克莱夫·贝尔和凡妮莎·贝尔的儿子，还是弗吉尼亚·伍尔夫（Virginia Woolf）的外甥。他是团体中唯一真正探索陶艺的人，尽管他的作家身份更为人熟知，最有名的作品是他的著名姨妈的权威传记。他年轻时在伟大的陶瓷小镇特伦特河畔斯托克学习制陶，后来终生制作陶瓷。20 世纪 60 年代，他在查尔斯顿的保护方面发挥了至关重要的作用。他的陶瓷以其朴素的品质和颜色而闻名，这是贝尔混合自己的釉料并对烧成温度进行试验的结果。

安雅回忆起，她“在 20 世纪 80 年代中期去查尔斯顿时第一次对陶瓷产生兴趣，当时皮特在参观该地区的苗圃。我爱上了它，所有一切的外表……我们在伦敦找到了那家画廊，在那里可以买到布卢姆斯伯里工作坊的素描和绘画，但我喜欢的是昆汀·贝尔的陶瓷。我喜欢这种色彩组合。我们每年都买几件”。查尔斯顿如今已经成为他们英格兰之旅中的固定站点。通过那家画廊，皮特和安雅甚至拜访了贝尔的遗孀奥利芙，她现在已经 90 多岁了。

说得不是很好，但我们四个相处得很好……有很多相似之处：我们都是在服务业家庭中长大的（我父母是开酒店的），我们都有两个孩子，我们喜欢同样的衣服、艺术，以及爵士和蓝调。与安雅和皮特一样，埃里克也喜欢歌剧……安雅和我喜欢在慈善商店闲逛。安雅收藏布卢姆斯伯里陶瓷——在这件事上我帮过她……而且，我们对建筑都很感兴趣。唯一的不匹配之处是他们不做饭。”

罗茜回忆道：“关于皮特，我写的第一件事是，当他自己种植植物，以及有时候收集和培育它们时，他就像一个画家，将各种颜料研磨成自己的颜色。整个过程都属于他，他创造自己的调色板，并以适合的方式为场地使用这块调色板……他那几乎令自己着迷于其中的绘画都是手工完成的，有一种艺术感。我上过美术学校，而且有很多朋友是画家；和其他景观设计师不一样，他总是让我觉得他是一个画家。他的情绪热切得多，而且他并不总是那么确定如何表达自己。”罗茜还指出，“安雅让一切保持平静并确保一切顺利进行，这让他能够安心工作。她就像是艺术家的缪斯”。

《园艺画报》杂志在促进良好的花园设计方面发挥了至关重要的作用——而且至今仍在继续发挥作用。虽然并不完全专注于当代设计，更没有与任何学派或运动关联，但这份杂志反映了当下。具体而言，是指它反映了从景观设计师到业余爱好者的各种花园建造者正在做的事情，他们的所作所为是为了发明和再发明各种造园方式，令花园成为人类至关重要的喘息空间。也许因为花园和造园是很多人的一种心理生存机制，所以存在强烈的浪漫主义倾向。反过来，对过去的怀旧本身很容易变现为向后看的设计。这份杂志从未沉溺于此，也正是这一点令它不同于竞争对手。

《园艺画报》杂志在 1992 年发行，但是在前一年就作为一家出版商的试点项目启动了，该出版商明智地请来了罗茜·阿特金斯参与其中，她之前是《星期日泰晤士报杂志》（*The Sunday Times Magazine*）的编辑。当惨淡的经济回报令它无以为继时，她带着几份样刊找到了约翰·布朗出版社，后者接手了这个项目。这份杂志的基本理念是，它会靠图像的力量畅销。“是我启动它的，”罗茜说，“完全靠我自己。出版商的老婆担任艺术编辑，但她其实并没有做任何图像工作……我的工作方式是带人去河畔咖啡馆吃午餐，请求他们拍照，告诉他们我付不起他们的钱，并且说我不想从他们的私人收藏中拿那些我们都在其他杂志上看过的照片——必须得是新鲜图像。”花园摄影作为一种职业在当时还处于萌芽阶段，从业者寥寥无几。“对我而言，像安德鲁·劳森这样的人简直太棒了，给我免费的照片，”阿特金斯说，“我们为他们安排一些旅行，用河畔咖啡馆的午餐当报酬。这之所以行得通，是因为它是一份国际杂志，但它有一些生活方式的内容，它假设读者对有产者的穿着和吃喝感兴趣。”

“皮特把我介绍给了很多人，”罗茜告诉我，“比如詹姆斯·范斯韦登和沃尔夫冈·厄梅。刊登在这份杂志上的很多内容都建立在这些早期人际关系上……我试图让它具有前瞻性和独特性，因为我们也开始在国外发行。”

国际上的联系人

随着奥多夫夫妇的名声越来越大，他们在国际上的联系人和友谊也越来越多。例如，加拿大人诺里·波普和桑德拉·波普是奥多夫夫妇 1992 年在瑞典阿尔纳普的一次会议上认识并保持多年联系的一对夫妇。波普夫妇当时在萨默塞特郡的哈德斯彭庄园做园艺，1988 年至 2005 年，他们在那里创造了英国最有话题性的花园之一，也是最受人喜爱的花园之一。虽然波普夫妇的风格与皮特的风格截然不同——它关注色彩胜过一切，但皮特很欣赏他们的作品。一系列以色彩为主题的花境和严格的实验过程让他们能够创造出有史以来最精致的基于色彩的花园之一。

奥多夫夫妇结识的另一对极具创造力的景观设计师是詹姆斯·范斯韦登和沃尔夫冈·厄梅。厄梅是一位园艺种植者，他在德国（德意志民主共和国）接受过弗尔斯特式传统园艺培训，后来在 1957 年移民美国。再后来，他与有荷兰血统的建筑师詹姆斯·范斯韦登成为搭档。范斯韦登 20

世纪 60 年代曾在荷兰学习，并在职业生涯早期发现自己“对建筑之间的空间比对建筑本身更感兴趣”，这促使他成为一名景观建筑师。他们一起成立了如今位于华盛顿特区的厄梅范斯韦登景观建筑公司。他们的园艺实践尤以将多年生植物引入城市景观而著称。厄梅对植物的痴迷让他发现了能够应对公共空间严苛生活环境的物种和品种；范斯韦登的愿景引导他们创造出强烈图形化却又十分和谐的景观。

“范斯韦登来过许默洛三次”，皮特说，“他很喜欢它，他也喜欢我们，因为我们不传统。”对于范斯韦登而言，打破常规并找到新方法是根本性的。然而，他发现自己有点儿难以跟上皮特对植物的描述——深入的植物知识不是他的强项，而且他从未真正理解在皮特此时的作品中十分重要的经过修剪的木本植物元素。在美国，大多数普遍存在的经过修剪的灌木都是以一种俗滥的方式塑造的，而且植物的质量也很差，以至于大多数有追求的美国景观建筑师对任何修剪过的形态都有本能的强烈反感。

上图：从左至右，诺里·波普和桑德拉·波普、玻璃吹制师安德斯·温格德（Anders Wingørd），以及安雅·奥多夫
下图：詹姆斯·范斯韦登和奥多夫

1991 年 3 月，皮特和汉斯·范施特格访问了克罗地亚和波斯尼亚，主要是为了寻找和收集铁筷子。仅仅两周后，克罗地亚人就和来自南斯拉夫的塞尔维亚人领导的军队爆发了冲突。尽管南斯拉夫——直到 1991 年还包括 6 个半自治共和国，全都拥有丰富的植物多样性——一直是东欧社会主义国家中最开放的，但去过那里

的植物猎人相对较少。它的解体似乎激发了很多人的兴趣，尤其是对那里的铁筷子。“完全是一场大型铁筷子比赛。”皮特如此形容那一时期。他采集的铁筷子扩大了可用于栽培的基因池，但他自己没有参与它们的育种。作为早春观赏趣味的元素和长期观叶植物，铁筷子受到皮特的高度重视，特别是考虑到它们的长寿以及对短暂干旱以及寒冷的适应能力。

随着南斯拉夫大部分地区陷入战争，继续在该地区旅行成为不受欢迎的选项。不过，英国园艺师兼退休数学教授威尔·麦克卢因经常返回这里采集铁筷子种子。他不会说任何一门当地语言，在他看来，这是一种至关重要的保护，因为这样就没有人会怀疑他是间谍。皮特和安雅在 1999 年和 2000 年与亨克·格里森再次来到克罗地亚。斯洛文尼亚是此前南斯拉夫各共和国中最北端的一个，在一场短暂的小规模冲突后保持了和平，并迅速得到了植物天堂的名声。皮特在 1999 年与罗茜·阿特金斯和埃里克返回这里。罗茜还记得在其中一次旅行中与亨克同行：“他是个了不起的植物学家。安雅和埃里克很悠闲，有时会去咖啡馆待一会儿。而皮特和我则在山坡上的灌木丛里四处搜寻植物。”

20 世纪 90 年代中期的某个阶段，斯洛文尼亚反过来发现了皮特。斯塔内·苏什尼克当时正在和同胞耶莱娜·德贝尔德一起为斯洛文尼亚国家电视台制作一些节目，耶莱娜·德贝尔德是佛兰德钻石商人罗伯特·德贝尔德的妻子。这对夫妇一起创造了欧洲规模最大的乔木和灌木收藏之一，位于安特卫普附近的卡尔姆豪特树木园（Kalmthout Arboretum）。耶莱娜有一天建议斯塔内去许默洛拜访皮特。“这是个有趣的故事，”斯塔内回忆道，“皮特同意我们前往……但当我们抵达时，我们意识到自己赶上了他们的某种重要的个人庆祝，类似结婚纪念日的特殊场合。他们在家里吃饭，一点儿也不奢侈，一切都很低调。他们正好在家，非常放松，于是，我们掉进了他们非常亲密的一天之中……当然，他们还是领着我们看了花园。”斯塔内爱上了许默洛，这座花园很快就上了斯洛文尼亚的电视节目。

斯塔内和他的妻子莫伊卡对他们国家的业余园艺产生了重大影响。他

在克罗地亚寻找植物

们在2002年创办并经营了斯洛文尼亚的第一本园艺杂志《花和花园》，并且开始组织读者参加在德国举办的活动，还有切尔西花展以及参观各个花园，当然也包括许默洛。“他们总是很惊讶”，因为这是他们第一次在形状规则的框架内看到这种类型的种植，尤其是禾草。“当皮特、亨克和其他人（包括我自己）访问斯塔内多姿多彩的国家时，他都曾做东接待，并带我们前往许多不同的栖息地，这些地方距离首都卢布尔雅那都只有两三个小时的车程。”斯塔内记得特别清楚，皮特采集了各种草地的鼠尾草，“从白色到粉色和蓝色都有；花色的范围让他很是吃惊”。

另一个重要的联系人是1991年结识的英格兰人约翰·科克。皮特和安雅当时正在访问英格兰，并在前往哈德斯彭庄园看望波普夫妇之后的返回途中被叫到詹金庄园——科克家族的家。这座庄园当时有一座由约翰的父母杰拉德·科克（Gerald Coke）和帕特丽夏·科克（Patricia Coke）建造的著名花园。“那里的首席园丁告诉我，有一座名叫绿色农场植物的苗圃，是约翰开的，而且说我应该见见他。”皮特回忆道，“在接下来的一次旅行中，我顺便去了那里……我们立刻建立了联系。”约翰回忆道：“一个金发高个子大步走进苗圃。我立刻知道他肯定是皮特。那时候，我们都听说过他。我们开始聊天，而且相处得很融洽。”一年后，约翰拜访了许默洛。“我清楚地记得那座花园。现在我们觉得这些植物理所当然，但当时它们看起来

上图：安雅·奥多夫和丹·皮尔逊
下图：约翰·科克和北美草原专家尼尔·迪博尔

很新颖。我的目光被吸引在茎秆上。”在他们的初步接触后，皮特回忆起“约翰多次来看我们。他对我们看待植物的方式非常感兴趣，而且在看到我以自己的方式做事的时候，他总是问为什么。我们受到德国人很大的影响，他对这一点很感兴趣，因为他觉得德国人有不一样的做事方式”。

皮特和约翰曾一起旅行过几次，包括前往美国的三次旅行。约翰记得“2001年世贸双子塔倒塌的时候，我们就在那里。我们拜访了罗伊·迪布利克、里克·达克、北溪苗圃和公鸡花园——对于最后一个，他和我都不太喜欢。它太小、太漂亮了，他们没有种皮特的植物，而且他没能面对面见到主管克里斯·伍兹”。克里斯是英格兰人，职业生涯始于在北威尔士的波特梅里恩当园丁，他无疑是一位出色的花园企业家，但也是个行事夸张的人，他对待人和花园的强烈戏剧化方式并不是每个人都喜欢。还有一回，约翰回忆道：“皮特想去看弗兰克·劳埃德·赖特（Frank Lloyd Wright）的故居，但是不知道怎么回事弄错了方向，结果我们最终来到了一个可怕的迪士尼式的游乐场。这实在是太糟糕了。”共同旅行让皮特有机会与了解自己核心思想的人分享对植物、花园和景观的新体验。

推动愿景

1992年恰好是荷兰国际园艺博览会——荷兰每十年举办一次的园艺盛会——举办的年份。它是一个非常商业化的活动，由在荷兰经济中构成重要组成部分的大规模种植商主导。仿佛是作为对它的某种回应，一群小规模种植商聚集起来，成立了传统种植商团体。“我们想展示自己，让人看到我们和其他苗圃是不同的。我们想展示我们对自己种植的东西是多么用心，而且我们并不那么关注利润，”布里安·卡布斯回忆道，“这对我们来说是个营销机会——我们甚至有个标识。”布里安年轻时就开始做苗圃生意，而且和其他许多人一样，他是由罗伯·利奥波德介绍给皮特的。他如今已经成为多年生植物领域中领先的创新者。除了皮特，该团体的其他成员包括库恩·扬森、汉斯·克拉默、埃莉诺·德科宁和赫尔曼·范伯塞科姆。这个种植商团体在荷兰国际园艺博览会上有自己的区域——一座由皮特设计的花园。他记得它“必须在分配给我们的三角形空间中布置成圆形图案，以便游客环顾四周，看我们种的各种植物”。该团体的展览获得了一枚金质奖章。

在同一时期，皮特也参与了许多其他为推动园艺和花园设计而举办的展览。此类活动当时在西方国家变得越来越频繁和流行，部分原因是人们收入的增加，以及对一部分人而言休闲时间的增加。从事家庭园艺的生意收获了暴涨的利润。1994 年，一场展览在荷兰最重要的历史园林之一罗宫举办，它的运营方是高端生活方式杂志《精品家居》。在皮特的记忆中，这场活动看起来“就像是一个花园或乡村集市。他们让我用禾草和多年生植物在铅皮木头容器里做一些装饰性种植。这是我们第一次做个展。丹尼尔·奥斯特用来自我们花园的植物在瓮里做插花”。奥斯特是一位比利时花艺师，以充满冒险精神的作品享誉国际。另一个展览花园是皮特为“样板花园”设计的，它是位于阿默斯福特市附近林特伦地区的新泽格拉尔的一个永久展览场地。多产的园艺作家和企业家罗伯·赫维希（Rob Herwig）在 1973 年启动了这个项目，它一直运营到 2000 年。全国各地的花园设计师受邀过来建造了许多样板花园。

园艺和景观可能是一项孤独的工作，但也存在强烈的旅行欲望，特别是对于更关注植物的部分而言。去看其他花园和荒野会让人持续受到鼓舞，在这些地方生长着或者可以采集到有趣的物种，还可以与其他爱好者会面。很多旅行都与见同行密切相关，而同行们几乎总是非常慷慨地分享他们的时间。1994 年，皮特与罗伊·兰开斯特在美国旅行和讲学，并且去了太平洋西北地区华盛顿州的奥林匹克半岛。“我们见到了丹·欣克利，并参加了由他、吉尔·希伯和卡罗琳·希伯，以及其他一些人组织的旅行。希伯夫妇有一座疯狂的园艺师花园。它令人振奋——有很多本土植物……山上弥漫着林地福禄考的香味，还生长着火焰草和羽扇豆。”丹·欣克利享有国际声誉，在美国以赫伦斯伍德苗圃闻名，这座苗圃位于西雅图附近的班布里奇岛，他从 1987 年到 2000 年一直在经营它。他还讲学、写作，并参加前往东亚的植物采集探险。

两年后，皮特去见了乌尔斯·瓦尔泽，后者是位于德国魏恩海姆的赫尔曼霍夫观景花园的主管。这座花园是所谓的观景花园的最佳范例之一，这种地方既有观赏展览的功能，又为园丁提供试验种植组合的空间。职业人士和业余爱好者都可以在那里欣赏和研究植物和植物群体。“魏恩海姆展示了你可以对栖息地做什么。”皮特解释道，“这是一个新世界，有全新的组合，与英式花园完全不同。我之所以感兴趣，是因为这是我想做的，我想摆脱英式园艺，同时也是为了摆脱里夏德·汉森的教条。”乌尔斯本人在不久之后来到许默洛，也惊讶于皮特使用多年生植物的自信和大胆。

里夏德·汉森曾在位于魏恩施蒂芬的慕尼黑高等专业学院[2]教授种植设计，而且撰写了一本极具影响力的种植教科书，在 1993 年以英文出版，书名是《多年生植物及其花园栖息地》。这本书介绍了思考植物群落的整个概念，但他的著作没有以明确的方式处理美学问题。乌尔斯·瓦尔泽在设计赫尔曼霍夫观景花园时认识到了这一点，并为赫尔曼霍夫带来了非常有艺术性的视角。不可否认的是，汉森的作品还被一些从业者当作一系列种植公式使用。因此，皮特发表了关于“教条”的尖刻评论。不过，汉森的方法对我来说是一个启示；我记得在 1994 年的那一刻，我突然意识到这是完全不同的看待植物的方式。将它们视为一套系统或者一个群落的一部分，这与英国人采集植物、给它们贴标签，再将个体聚集起来种植的思维模式完全不同。遗憾的是，这本书的许多英国读者从未理解汉森的方法。无论它在缺乏创造力的追随者手里有什么缺点，或许这些缺点是那些并未生活在巴伐利亚的人试图在不经批判性思考的情况下应用它所产生，“汉森系统”仍然是种植设计思想的一座里程碑。

园丁之间的个人接触几乎总是引发植物的交换。两位英国园艺师

乔·沙曼和艾伦·莱斯利曾来到许默洛，并与皮特一起去拜访恩斯特·帕格尔斯。他们交换了很多植物，而且由于艾伦后来在韦斯利的皇家园艺学会花园工作，他得以将一种新的红色星芹“红宝石婚礼”转交给皮特。星芹通常是灰白色的，主要对园艺内行有吸引力，但是当它们出现红色品种时，吸引的人群就迅速扩大了。皮特得以在自己的育种计划中使用它们，并将自己得到的一个红色种子株系命名为“波尔多干红”，将一个粉色品种命名为“罗马”。

花园成形

到 1993 年时，许默洛的前花园被布置成试验苗床已经有 10 年了。一些修剪成柱状的红豆杉赋予了它结构，但它本质上仍是个功能性很强的空间。荷兰当然以洪水多发著称，这片区域也不例外。1993 年，一场特别严重的洪水将该区域淹没了一个多星期。“我们损失了 80% 的植物。”皮特回忆道。在被迫重新考虑如何使用这个空间后，皮特决定重新种植该区域，将它改造成展示花园。他给花园前部填满进口土壤，在原有的圆形池塘种上植物，整个区域得到了一条强烈的中轴线。拉默特·范登巴尔格拥有村子里的一些土地；皮特从他那里租了一些土地，将他的一些母株以及他想种植的许多试种植物和实生苗转移到那里。他开始在这些实生苗中进行自己的选择。将植物从前花园中移出还有另一个重要原因。正如皮特所解释的那样：“因为前花园变成了展示花园，我们需要空间来容纳我们计划繁育的大量植物。”

前花园现在有了一条清晰的中轴线，不过，许多访客无法一开始就看到它。那时，他们会先抵达一个位于侧面的小入口，在那里踏上一条对角方向的砖砌小路，这条小路将带领它们穿过一块大小适中的草坪。他们的正前方是一棵大樱桃树，这里原来有好几棵樱桃树，它是幸存者，佐证了这片土地作为农场的日子。在他们的一侧有一个花境，深约 5 米；

它在某些方面是相当传统的，因为最高的植物在后面，最矮的植物在前面。在 1993 年种植后，它至今基本没有变动，令人想起皮特的早期设计风格。抵达这条小路的尽头时会拐一个弯，此时就能看到花园的中轴了。然而，这条中央路径被三个苗床打断，每个苗床都是一个偏离中央的椭圆。这是对称，但对称中有转折——在几年后的一次参观中，我无意中听到英国艺术评论家罗伊·斯特朗惊呼这是“歪斜巴洛克”。中间的苗床种植了混合多年生植物和一些灌木，第一个和第三个苗床中则是拥有银色叶片的“大耳朵”绵毛水苏和几丛开橙色花的‘原谅我’萱草。皮特承认，他曾将欧洲细辛作为地被植物种在那里，而他很快就意识到这个决定是“愚蠢的”，因为它不耐日晒。后来，它被这种水苏取而代之。

多年生种植填满了前花园的大部分两侧区域，不过与在英格兰花园的花境中相比，它们扩展的范围大得多。在花境最外凸的地方，狭窄的砖砌小路成了连接这些地方的路线。对于较短的距离，可以步行穿过多年生植物，但在其他情况下只能从草坪上看着它们。前花园的一侧是——现在仍然是——被皮特修剪成弯曲形状的著名树篱。他称这道树篱是“龙脊树篱”，还说它代表了当时存在于马路对面的林地的天际线。在混合乡村树篱中，每一棵灌木都得到了各自的特别对待，使其看起来像一系列不规则的曲线；在冬天，树干和树枝的轮廓被勾勒出来。远端是四道红豆杉树篱排成一行，它们被修建成了很像窗帘的形态。每道绿篱的宽度相同，但它们的顶部上下起伏，就像波浪。

这是我 1994 年 8 月第一次见到这座花园时它的状态。我是和瑞典农业科学大学景观系的种植设计讲师埃娃·古斯塔夫松在同一天参观的。在当时，我还没有意识到许默洛花园是多么新鲜的事物。这是我在那个花园季的最后一次重要花园参观——那是对我而言意义重大的一年，2 月份我在巴西，去里约热内卢拜访了罗伯托·布雷·马克思（Roberto Burle Marx，遗憾的是，他在那年晚些时候去世了），然后，我又在 6 月和 7 月去德国参与了许多最具创新性的公园种植。

此时，房子后面的苗圃区域已经完全建成，并装点着几棵柳叶梨

冬天的树篱

（silver pear）树苗和一些视错觉方尖碑和雕像。锈点毛地黄已经将种子自播在铺地砖之间；我记得一根根细长的果序让我着迷。种在半升或一升容器中的待售植物成行排列，喜阴植物种在房子附近和遮阴网下。植物不是按照字母表顺序排列的——而且是故意这么做的。正如皮特解释的那样："我担心在植物不开花的时候，顾客会把它们放回同一种植物的不同品种中去。"和许多其他荷兰和德国苗圃一样，许默洛花园让顾客自己写标签；抵达时安雅会提供空白标签和铅笔。

苗圃后面是一排排用于繁育的母株，种在宽约 1.5 米的长方形苗床中。它们没有以任何明显的方式排列，但每个品种都用一个木头大标签非常清晰地标注。在最后面，一些攀缘植物生长在金属支撑结构上，如紫藤和南蛇藤。远方的田野延伸到地平线，那里有肥沃的牧草和奶牛。整个母株区域没有经过有意识的设计，但由于几乎随机种植着多年生植物，它看起来像一个巨大的草本花境，或者一系列较小的花境——很多参观者都对这一事实发表了评论。

对于我来说，在当时与皮特见面是结束这充满冒险的一年的最好方式。他似乎是为数不多的将清晰的设计技巧与植物方面的技艺结合在一起的人之一。布雷·马克思曾经也是将这些技能集于一身的少数人之一，但几乎没有其他人了。我在 1996 年见到的搭档詹姆斯·范斯韦登和沃尔夫冈·厄梅，他们在商业关系中将这两种品质结合在一起，虽然那时候沃尔夫冈的植物选择已经变得越来越教条和保守。

我在 1994 年多次旅行，尤其受到德国种植设计师作品的启发，特别是那些按照汉森的传统工作的设计师；虽然我对他们使用的植物种类大体熟悉，但他们使用植物的方式仍然比我在英国见到的自由得多。我总是说，他们得到的效果看上去介于野花草地和传统（即英国）草本花境之间。他们的工作有扎实的科学基础，而且与自然植物群落强烈相关，这两点我都喜欢。它还与公共空间有关，这在政治上对我有吸引力；虽然我和设计行业里的很多人一样，相当多的工作是为富有的客户完成的，但我常常希望大众也能够享受到我的工作成果，而不是只限于一个不轻易吸收外人的小圈子里。然而，德国种植有一个很大的缺点——它们全都服务于大型公园。每件作品都是持续一整个夏天的花园展的遗产，而这种展会的部分目标是通过创造高质量的公共空间实现城市更新，敢于创新的种植通常发挥着重要作用。大部分此类种植涉及著名设计师与苗圃的合作，以创造有长期生命力的多年生种植。除了赫尔曼霍夫这个例外（它实际上从来都不是花园展的一部分），它们的尺度都远远超过了私人园丁所能达到的规模。除此之外，尽管做了大量调研，但我找不到任何受到这种公共作品影响的私人园丁。而且，几乎没有任何设计师有兴趣将它们的方法应用于家庭花园。

皮特有作为设计师的工作能力，但对植物和种植也有明确的关注，这与我自己的兴趣非常相似。使用与德国从业者大体相似的植物调色板，并且深刻意识到自然栖息地的美，皮特似乎提供了一种新思维，它对于它能够占据的空间的局限性也抱有现实态度。他使用经过修剪的木本植物，它们将他做的东西锚定在季节连续性和结构中，但它们与我见过的任何其他东西都截然不同。我们必须记住，在 20 世纪 90 年代初期的英国，以维塔 · 萨克维尔 – 韦斯特和哈罗德 · 尼科尔森的锡辛赫斯特花园和劳伦斯 · 约翰斯通的希德科特花园为典型代表的工艺美术运动风格花园被认为是花园应该达到的高度，实际上也被认为是能够达到的高度。它们在规则式结构和繁茂多年生植物组成的几乎蓬乱的花境之间取得平衡，被认为是它们获得成功的核心。与皮特见面并看到他的花园向我展示了实现相同平衡的方法。后来，我了解到这种结构性元素受到了米恩 · 吕斯及其包豪斯 / 现代主义背景的影响。

在以后来拜访皮特和安雅时（通常至少每年 1 次），我目睹了许多变化，但它们往往是渐进的。合乎逻辑的是，这些变化也与皮特在他的职业生涯中所做的事并行不悖。随着他对多年生植物越来越有信心，并且开始以不同的方式使用更多禾草，这些植物接管了许默洛花园。它们逐渐蚕食草坪草皮和经过修剪的木本植物。

Voorkom beschadiging.
eerst kiezen, dan pakken.

到 21 世纪头几年，苗圃区和前花园基本上只经历了微小的变化。然而，在 1997 年 7 月发生了一个巨大的变化，前花园里的那棵老樱桃树不得不被砍倒。它下面的土地干燥且营养匮乏，树下的地方经常会这样。皮特用一个大胆的圆形苗床取而代之，当时他将其称为“项链”。一道红砖矮墙面向高约 60 厘米的挡土结构，但每隔几米穿插着一棵修剪过的红豆杉。这个苗床里种植着从大量棕榈叶薹草中长出的悍芒。得到的效果几乎是常绿的，因为薹草会在春天迅速变绿（实际上，它在某些年份的冬天也会保持绿色）。

房子后面矗立着两座用砖和经过深色处理的木材搭建的建筑，它们是这里还是农场时遗留下来的杂乱棚屋修复而成的。对于奥多夫夫妇来说，它们是为苗圃和花园的参观者和宾客提供温暖、咖啡和款待的中心。在它们和房子之间是两个方形苗床，早年间种了一些多年生植物、球根植物、偶尔的一年生植物，还有一些爬上铁支架的铁线莲。在 20 世纪 90 年代后期，他们得到了一些至今仍在这里占据主导地位的植物种类。这反映了皮特在这段时间开始感兴趣的植物范围：很多北美物种如弗吉尼亚草灵仙、蓝星水甘草，尤其还包括柳枝稷和异鳞鼠尾粟等禾草。如今，这些植物长成的巨大株丛清楚而有力地表明它们的长寿以及对北欧花园和景观的价值。

然而，许默洛花园的美并不符合每个人的口味。1995 年秋天，资深德国花园摄影师于尔根 · 贝克尔首次造访，并向皮特评论道，这里“没有那么多花”。皮特还记得摄影师玛丽克 · 赫夫没有在这里拍摄很多照片，大概是因为“她没有轻松自在的感觉”。1996 年 7 月，英国广播公司（BBC）的重磅电视节目《园丁世界》携主持人史蒂芬 · 莱西过来拍摄这座花园。皮特回忆说：“他当时不理解我们的种植，这对他是新鲜事物。”我认为他实际上理解的可能比表现出来的更多——他很支持布丽塔 · 冯 · 舍耐希和她当时的商业伙伴蒂姆 · 里斯，这两个人对 1994 年和 1997 年多年生植物展望会议在邱园的召开起到了重要作用。他还在几篇杂志文章中对德国多年生种植发表了非常正面的评价。

引起公众的关注

1994 年，皮特在乌得勒支植物园设计了一个花境——这是他的第一个公共种植项目。它的面积有 1 200 平方米，形状是传统的，设计成沿着一条小路伸展。不过，这对皮特来说是一个向更广泛的受众展示作品的绝好机会。他有一天去参观了这座植物园，还与当时的花园主管维尔特·纽曼见了面，并在谈话中同意接受这项工作。维尔特回忆道："那年秋天，我们平整了土地，建造了小路，然后等待皮特的反应……到了 2 月底，我仍然没有收到他的任何消息。我有点儿焦虑，就给他打了个电话，问他是不是把我们给忘了……不，一点儿也没忘，他回答。他说：'开着你的大众皮卡到我的苗圃来，我们往里面塞满植物，我再跟你一起开车去乌得勒支。然后，我们就可以做花境了。'于是，我照他说的做了。没有平面图，没有草图……皮特把植物放在地里，我和我的员工把这些多年生植物种下去。难以置信，他没有用纸上的平面图就做完了一切！"

维尔特反馈说："这些年来，这个花境有时会被挖掘并重新种植，但它仍然是奥多夫的花境，而且我们仍然对它非常满意。"皮特对花境的持续存在表示惊讶："我并不赞成将花园保持这么久——我不是米恩·吕斯——但我想他们是想把它当作遗产保留下来。"他对保存花园的态度非常冷淡，这一点和花园界的很多人截然不同，他们急于保存任何东西，即便它微不足道。"有时我看到客户拥有一个出自米恩·吕斯之手的花园，但我看不到任何东西是她的……我们必须往前走，花园必须有所改变。"他说。

在此期间，皮特承接的私人花园项目开始增多。其中一个项目是为摄影师沃尔特·赫夫斯特和他的家人服务的，他第一次见到皮特是在他被派往许默洛为一家杂志拍摄皮特的肖像时。"这让我大开眼界，"赫夫斯特说，"我喜欢在完成所有新闻工作之后拍摄美丽的事物。"他还委托皮特重新设计了他在鹿特丹的花园，它的形状是普通城市花园的典型细长形状，末端

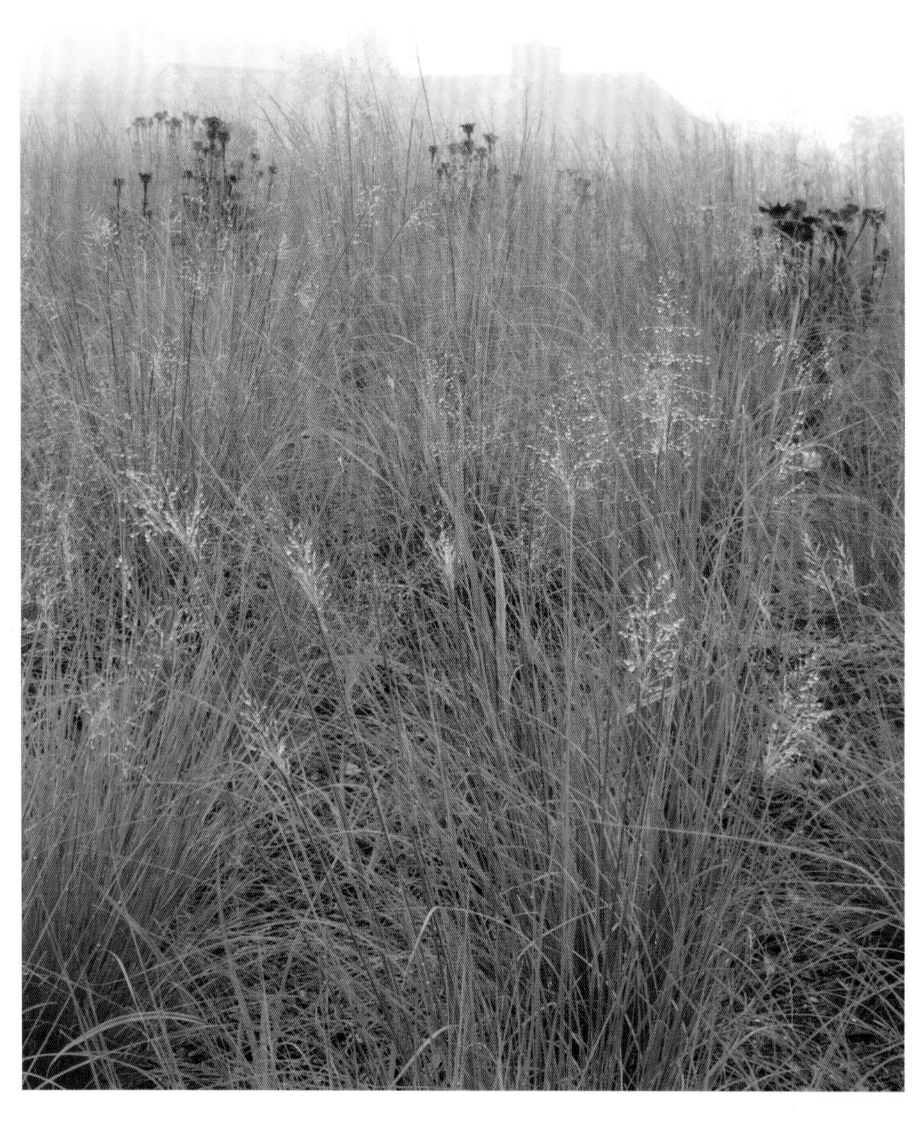

异鳞鼠尾粟，
奥多夫在美国首次遇到的一种北美草原禾草，
至今仍广泛应用在他的设计中

还有一个小木屋办公室。

另一个规模更大的——但也算不上大——花园委托工作，是为克劳斯·特夫斯和乌尔丽克·特夫斯做的。1981 年，这对夫妇在德国最北部的石勒苏益格－荷尔斯泰因省购买了一栋拥有 150 年历史的传统村舍和一小片土地作为周末休憩之处。克劳斯回忆道：“乌尔丽克总是在做园艺，即使只是在汉堡的阳台上……1994 年，她看到一篇关于于皮特·奥多夫的杂志文章，于是，乌尔丽克给他打电话，问他能不能帮忙做苗床……皮特明白她的意思。于是，我们开车过去见他……决定做得很快。我们问他要一些平面图。他让我们各自写一个愿望清单。乌尔丽克想要一个可以坐下来沉浸在鲜花之美的地方，我想要在清晰的规则式特征和丰富的多年生花境之间形成一种张力。”后来，他们决定退休并彻底搬到那里生活。所以，他们在房子上扩建了一个现代化的部分。2004 年，他们请皮特回来扩建花园，并且做规模更大的多年生植物种植。克劳斯回忆说：“在五月的两天里，他帮助种植了 1 200 株多年生植物。”

这些年的另一个重要项目是约翰·科克在英格兰伯里院子的房产。在属于他父母的詹金庄园葡萄园在他们死后被出售之后，约翰买下了一座前农舍及其附属建筑。约翰强调：“让皮特设计花园并不是我们的计划，我们的想法只是做一些简单的苗床，作为苗圃的展示苗床……我们的植物收藏相当疯狂——一些高山植物，不耐寒的植物，乔木，各种各样的都有，没有多少属于他会使用的范围。当皮特来访时，我们刚刚挖掉旧院子，准备做我们的苗床。他问我们，他能不能给我们画一张图。我本来没想过让他做这种事，但是我转念一想，为什么不呢？这迫使我们改变了整个植物清单，于是，我们开始种植所有这些禾草和高大的多年生植物。”

根据皮特的回忆，约翰本来希望他在旧混凝土中挖出花境，但他拒绝了，说混凝土必须全部拆除。“我不想只建造一个流动花园，而是想建造不同的地方……我第一次做了一个砾石花园……然后是一个受露丝玛丽·维里启发的结纹园（knot garden）。”约翰记得“皮特对事物有严格且毫不动摇的看法，他做好平面图之后，事情就定下来了——接受或者放

英格兰汉普郡伯里院子的景观，
这是奥多夫在英国承接的第一个委托

修　剪
CLIPPING

+

在皮特最早的两个英国委托项目（伯里院子和斯坎普斯顿庄园）中，有一个方面并不是每个人都立即注意到的，即经过修剪的木本植物在他早期作品中的作用。然而从那以后，他对它们的使用就少多了。随着时间的推移，皮特更年轻时强调现代修剪方式的现代主义或者说米恩·吕斯花园风格逐渐消失。从荷兰人的角度来看，放弃它们似乎是显而易见的发展——它们的风格已经走得如此之远，也许已经不能走得更远了。皮特对它的使用也许很巧妙，但他意识到它并不是独一无二的。对我们其他人而言，情况则并非如此——我们还有很多东西要学。在大多数国家，修剪木本植物是一项非常没有冒险精神的任务。使用的物种范围往往很窄，而且使用它们来创造垂直框架的毫无想象力的思维定式无处不在。对于很多人而言，在 20 世纪 90 年代看到皮特的块状修剪黄杨或红豆杉是一种启示。伯里院子（1996）就是一个很好的例子——一颗巨大且肥厚的黄杨纽扣充当一条石头路上的铰链，标志着其方向的转变，而在一个旧谷仓外面，一圈带有螺旋扭曲的黄杨仿佛是一尊抽象雕塑。从 20 世纪 90 年代后期开始，在皮特的作品中，经过修剪的红豆杉、山毛榉或黄杨最有可能仅仅出现在较小的花园里，而且只出现在需要一些东西来区分空间的地方，例如在特夫斯花园（1996 年首次布置）或布恩花园（2000）。

斯坎普斯顿庄园（1999）是最后一个有明显修剪痕迹的花园。它的网站上使用的航拍照片清楚地显示了地面上的游客并不总是能轻易看出的东西：在多年生植物为主的种植区域外部有一条带状绿化，但内侧区域被几个生长着修剪植物的花园占据。

对于那些夏季干旱或高温限制开花多年生植物的气候区，经过修剪的木本植物可以提供很多东西。例如，特别是常绿灌木种类丰富的美国南方；或者中国；或者地中海气候区。厌恶现代主义的英国人甚至也终于给了它们一些关注。例如，汤姆·斯图尔特－史密斯在他的工作中广泛地使用山毛榉柱。修剪仍然受到许多花园业主的青睐，而且，我们很幸运地拥有继续尝试使用它突破界限的设计师，例如荷兰北部弗里斯兰省的尼科·克洛彭堡。然而，对于我们当中的许多人来说，修剪样式只能被视为多年生植物的背景和对比！

上图：私人拥有的特夫斯花园，位于德国石勒苏益格－荷尔斯泰因省，最初由奥多夫在 1996 年设计，并在 2006 年扩建

下图：位于荷兰的布恩花园，2000 年设计

弃，差不多就是这样。”然而，仍然存在问题：如何将约翰为苗圃种植的五花八门的植物融入布局。约翰回忆说，结果是一种妥协：“他对我们的一个让步是我们可以在边缘种植我们的植物。”这是皮特在斯坎普斯顿庄园再次使用的解决方案——在那里，围绕外围的“园艺师步道”基本上是出于同样的原因问世的。他总是认识到，有些植物是人们喜欢种植的，是收藏家或鉴赏家的植物，它们需要特殊的条件、额外的照料，或者只是不符合他的设计风格。将它们种在一个特别的、视觉上被隔离的区域，让它们可以在那里被欣赏但不会干扰主要设计，这是他喜欢的解决方案。

伯里院子让皮特做出了两项创新：一项是砾石花园，另一项是发草草地。发草草地在纸面上是非常成功的设计概念，但是在这个场地上有自己的问题（稍后讨论）。我记得我当时和皮特谈论过这个砾石花园，在这个避风的朝南位置，添加它似乎是显而易见的选择。然而，他对此持谨慎态度，而且尽管事实证明它很成功，但皮特此后没有再做过砾石花园——创造它所需的植物范围与通常情况下的奥多夫植物调色板，在气质上完全不同。或许这是一种让步，对场地、对约翰，或者对一种在温和的英国气候下效果非常好的种植风格的让步。

然后，费用成了问题。意识到设计完全是自己的主意，而且客户还是朋友，皮特拒绝为自己付出的时间向约翰开发票。他只要求为来自许默洛的植物支付款项。约翰坚持要付一些报酬。皮特指向约翰办公室地板上的小地毯，那是一块很漂亮的古董高加索地毯。“我可以拿那个。”他说。

多年生植物展望会议

名为“多年生植物展望”的系列年度会议在 20 世纪 90 年代头几年独树一帜。这个概念真正始于 1992 年在瑞典举办的一场活动；罗伯 · 利奥波德随后提出了这个名称，一场将它们继续下去的非正式运动也就此开始。1994 年，年轻的德国景观设计师兼种植设计教师布丽塔 · 冯 · 舍耐希，在伦敦邱园组织了一场名为“种植设计新趋势”的会议。会议的重点是德国，但有一个荷兰代表团出席，其中包括皮特，当然还有兴高采烈的罗伯·利奥波德。演讲者中有罗斯玛丽·魏瑟，她所属的团体曾在1983年慕尼黑西部公园（Westpark）举办的一场国际花园展上创造了壮观的“干草原”（steppe）旱地景观种植。（这种特殊的种植对所有见过它的人都产生了巨大的影响；我永远不会忘记看到它的第一眼。）对于听说德国正在发生以生态为导向的有趣种植的人而言，这是一个了解更多信息并建立联系的绝佳机会。英国园丁可以向其他国家学习——甚至是向德国学习，某些人觉得这种想法是革命性的且令人不安，而为了表示对这种想法的坚决支持，贝丝·查托做了演讲。对于以多年生植物为焦点的种植风格的德国实践者，贝丝和他们之间没有任何联系，但她多年来都在英国推广类似的思想，即植物选择应基于对栖息地的偏好（这一点如今对我们来说是如此显而易见）。贝丝还会说德语，而且多年来一直拜访她的朋友海伦·冯·施泰因·齐柏林及其在巴登－维滕贝格的苗圃。有一次，她在那里帮忙繁育多年生植物，而在下一个操作台忙活的是一位后来在这场运动中变得十分突出的年轻人：卡西安·施密特。

另一位演讲者是詹姆斯·希契莫，当时他是位于苏格兰西南海岸奥欣克鲁夫的苏格兰农业大学的讲师。这是我们很多人第一次听说他，尽管他后来成了多年生植物领域最具创新性的思想家和最多产的研究者之一，特别是多年生植物在公共空间和低维护种植方案中的使用。和其他人一样，我记得他的纽卡斯尔口音[3]和非常敏锐的幽默感。詹姆斯的报告是许多未来此类活动的亮点，而且他在未来几年与谢菲尔德大学的同事奈杰尔·邓尼特举办了许多高效的会议。

对我而言，邱园的这场会议时机非常好。几周后，我将开车去布拉迪斯拉发看我的女朋友乔·艾略特，她刚刚在新独立的斯洛伐克共和国的一所大学找到工作。我的旅程将带我穿越德国，因此我可以参观沿途的一些种植项目。我在1994年5月末抵达慕尼黑的西部公园，它广泛地以陌生的形式使用熟悉的花园植物并达到了梦幻般的效果，这对我是一个启示。我急忙着手尝试捡起我在学校学过的德语。

1995 年的多年生植物展望会议在弗赖辛举行，这个巴伐利亚小镇是魏恩施蒂芬观景花园和魏恩施蒂芬－特里斯多夫应用科学大学的所在地；这里是许多最优秀的园艺和景观职业人士接受培训的地方。每次多年生植物展望会议都包括会议演讲人和其他几位嘉宾的参观游览。皮特参加了这一年的团队游，并在团队中遇到了斯特凡·马特松，以及当时首屈一指的德国景观设计师和大型种植设计的创新者海纳·卢斯。在场的还有阿妮塔·菲舍尔，一名在弗赖辛生活和执业的景观建筑师。阿妮塔后来以宾格登之家和库尔松庄园为蓝本，推出了一场独特而优雅的花园展，即弗赖辛花园日。那一年的演讲者也有皮特，他与鲁内·本特松、乌尔斯·瓦尔泽和海因·科宁根一起做了一个讲座，题为“在公共空间和花园中使用多年生植物的新概念”。

上图：罗伯·利奥波德与杰奎琳·范德克洛特

下图：布丽塔·冯·舍耐希、安雅·奥多夫和英国花园设计师朱莉·托尔

我对弗赖辛会议的一段记忆，说明了这场新生运动中所固有的一种矛盾。来自德国帕德博恩大学的年轻研究人员伊冯娜·博伊松正在讨论对城市植被中昆虫种群的研究。在发言中途，她被德国景观设计师加布里埃拉·帕佩质问，后者从不掩饰自己对汉森方法的反感。她大声叫喊了一些话，包括“别管那些昆虫了，谁来关心一下人？”。那些自身观点受到对自然的热情或对生态的政治解读强烈驱动的人，常常表示支持优先考虑

本土物种和生物多样性而非观赏性的种植方式；但是另一方面，景观只为人类利益服务的观点如今看起来非常过时。许多从业者争辩说，种植设计可以同时造福人类和自然。下一位演讲者又是詹姆斯·希契莫。后来，他和奈杰尔·邓尼特一起提出了“增强自然”（enhanced nature）的概念，作为调和人类需求和生物多样性的一种方式。

“多年生植物展望，”罗茜·阿特金斯指出，“是每个人都在寻找新哲学、新的做事方式的活动……它们绝对令人耳目一新。对我们来说，这是一场类似超现实主义或包豪斯的运动。”1996 年的会议是在距离许默洛约半小时车程的阿纳姆举办的，此时，人们已经感觉到一场真正的运动正在进行当中。这次活动持续了两天，几个月后出版了一本会议论文集。皮特做了题为“多年生植物作为建筑元素”的报告，并展示了一系列按照季相组织的图片，图中是他正在使用的一些关键多年生植物。

我的书《新多年生植物花园》也是在 1996 年出版的。书名是伦敦的出版商弗朗西斯·林肯（Frances Lincoln）起的，他在大约 5 年后去世，年仅 55 岁。这本书的重点是试图让说英语的读者理解德国的种植设计方法。它印刷了很多年，再版数次，并在大学课程中受到高度赞赏。虽然它没有涵盖皮特的工作，但在让英语世界更容易接受皮特方面，它很可能发挥了作用。正如查尔斯·奎斯特 – 里特森在《花园设计杂志》中所说：“最早的拥护者之一是诺埃尔·金斯伯里，他研究了德国模式，并立即明白了它们在不列颠群岛的潜力。他的书……和他在考利的花园（今已不存）是催化剂；它们的重要性再怎么强调也不为过。”他接下来还提到了“迅速意识到这些可能性”的其他英国设计师，如丹·皮尔逊和克里斯托弗·布拉德利 – 霍尔等。[4]

尽管这些活动在专业上取得了成功，但研讨会或会议在花园界并不是特别流行的形式，至少在欧洲是这样。多年生植物展望会议于 1997 年在邱园再次举办后陷入停顿，主要是因为组委会成员平时忙于自己的工作。

我们不知道这会是最后一次研讨会；实际上，当时的想法是将来还会在美国开一场。第二次邱园多年生植物展望会议首次出现了一些美国演讲者：沃尔夫冈·厄梅和尼尔·迪博尔，后者是来自威斯康星州的一位非常吸引人和有趣的“北美草原恢复主义者”。厄梅因其植物知识而备受尊敬，但他是个糟糕的演讲人，而这一次也不例外，他大部分时间都背对听众，更喜欢面朝自己拍摄的照片讲话。

瑞典：转折点

皮特在职业生涯早期就和瑞典方面建立了联系。尽管瑞典花园文化在 20 世纪 80 年代末和 90 年代初处于低潮期，但是瑞典农业科学大学的景观系和园艺系仍然有少数学者对种植感兴趣，这所大学位于阿尔纳普镇，就在这个国家最南端的主要城市马尔默的郊外。肯内特·洛伦松就是这些学者中的一个。他对植物的热情让他更像是一个英国园艺师。他曾和斯特凡·马特松一起上大学，后者之后进入公共绿地空间管理领域，而且后来在皮特作为公共空间设计师的职业发展中发挥了关键作用。鲁内·本特松是另外一个。马特松认为，是鲁内真正发现了皮特：“他在阿尔纳普组织了一场探讨会，有些荷兰人去了，而且，他还在恩雪平为职工开了两门关于多年生植物的课程。为了感谢我的帮助，他说他会带我去荷兰，在那里给我看一些有趣的东西。”

同样是阿尔纳普教职员工的埃娃·古斯塔夫松解释说，尽管当代瑞典种植设计乏善可陈，但是“我们与德国和栖息地种植有很大的联系，我们伴随着它长大……然后我们受到英格兰的影响，接下来又受到荷兰经验中德国和英格兰的这种结合的影响”。1992 年 1 月，她在阿尔纳普举办的一场会议上认识了皮特，这场会议是鲁内和埃沃尔·布克特以景观智库 MOVIUM 的名义组织的。她对皮特的工作很感兴趣，而且当时也在研究种植设计。

阿尔纳普会议的主题是荷兰种植设计。鲁内和其他人自 20 世纪 70

年代后期以来一直与荷兰同行有联系，他们关注的重点基本上是本土物种在种植设计中的使用。他们认识海因·科宁根和罗伯·利奥波德已经很长时间了，还结识了一些英格兰人：以其极具影响力的著作《如何打造野生动物花园》（1984）开启了野生动物花园运动的克里斯·贝恩斯，以及罗伯特·特雷盖，当时开发植物丰富城市景观的有力声音。在鲁内和埃沃尔的一次阿姆斯特丹之旅中，他们突然来到设计书店“建筑与自然”（Architectura & Natura），试着寻找可能正在发生的其他进展。他们找到了一本《梦幻植物》，并因此意识到皮特和亨克的工作。他们还发现了使用玛丽克·赫夫摄影作品的其他图书，这些照片充分展现了自然主义种植朦胧、浪漫的一面。这次旅行还使他们能够追踪到库恩·扬森。

这次 MOVIUM 会议帮助说服一家出版商在 1995 年将《梦幻植物》翻译成瑞典语出版，书名是《梦幻植物：新一代多年生植物》；这是该书的首个国外版本。这确实是一种荣耀，因为当时的瑞典出版商出了名的不愿意出版外国园艺图书，或者说实际上根本不愿意出版多少关于园艺的内容。埃娃·古斯塔夫松在形容这本书时，说它“产生了巨大的影响”。

在皮特作为设计师的生涯中，最重要的一件事或许始于一个笑话和一个小小的误解。它发生在 1995 年作为弗赖辛会议一部分的团队游中，参观游览的对象是德国南部的一些公园和花园。皮特当时坐在大巴车上，挨着斯特凡·马特松，后者当时是瑞典中部小城恩雪平的公园主管。斯特凡记得“他向我展示自己的产品目录，而我问他什么多年生植物有益于公共空间……他说任何多年生植物都有益于公共空间，所以，我想开个小玩笑。我说他应该到恩雪平来，他可以为公园里的一处种植做设计，我实际上并没有真的要委托他……他变得非常认真，说他愿意做这件事”。

这几乎是激将法，而马特松让皮特在北纬 59°的瑞典中部放手去做的决定是非常大胆的。回过头看，这是一个转折点，因为这是皮特在荷兰之外的公共空间的第一个委托项目。它给皮特带来了大量非常有益的宣传。瑞典受到的影响也很大。尽管在 20 世纪 20 年代至 40 年代之间曾有一段

时期，自然风格的种植和多年生植物很受欢迎，但是到了50年代，人们已经从多样化种植转向非常实用的风格。城市大发展时期见证了强烈集体主义精神的盛行：景观建筑师在公共住房项目、公园和儿童游乐区只使用种类有限的植物。私人园艺简直过时了，设计师们失去了对家庭花园的兴趣。很多苗圃除了针叶树，其他植物寥寥无几。

然而，自从斯特凡·马特松在1981年接任公园主管以来，恩雪平已成为瑞典的花园瑰宝。他的首要任务之一是审查每年30 000株花坛植物的采购和种植：“我感觉很多钱被花在公众并不一定喜欢的公园种植上，与此同时，公园里不被花坛覆盖的其他区域全都是大片修剪过的草坪。我想，我可以把花在花坛和割草上的钱用于创造面积更大且色彩缤纷的区域供公众享用——这需要使用不同的策略。”[5] 手里只有平均水平的公共景观管理预算，斯特凡开始实施大量同时有利于居民和生物多样性，并可以改善恩雪平绿地的创新方案。一项特别的创新举措是“袖珍公园”，即非常依赖多年生植物并保持标准规格的小型社区公园。到20世纪90年代初时，恩雪平开展的工作吸引了越来越多的游客，也引起了景观和园艺职业人士的关注。

在委托皮特为一座公园打造一处大规模多年生种植后，斯特凡选择了一个相对高调的区域，让人们可以在上班路上看到，并要求达成“迷宫般的效果”。这个区域的名字被确定为梦幻公园，是以那本书的名字命名的。当时瑞典没有皮特想使用的大部分植物，因此供应植物的是许默洛苗圃。斯特凡回忆道：“所有东西都是带着标记抵达现场的，板条箱上的编号对应特定种植区域。很容易看出每一样植物要去哪里。我对员工说，我们需要找一个承包商帮忙，但是员工想自己干，并且挣点儿加班费。真正的工作是从1996年4月开始的，到仲夏时就全部种完了。

最令人担心的因素可能是气候。在冬季，连续几天的零下温度很常见，最低温度可能下降到-22℃。斯特凡向鲁内·本特松寻求建议；根据他的提议，许多植物在冬天需要遮盖保护。“但我们没有时间遮盖任何东

乌尔夫·努德菲耶尔与皮特·奥多夫、安雅·奥多夫，以及朱莉·托尔

西，所以我们只好让所有植物暴露在外。”斯特凡回忆道，“我们决定把这当成一节给自己上的课——我们必须通过试错来了解哪些植物能够使用。”令人高兴的是，他们在春天发现必须更换的植物很少。禾草是问题最大的，因为较小的植株无法越冬。斯特凡之前的经历让他了解到可靠的多年生植物，他称之为基础多年生植物，或者“你可以信任的多年生植物……下一次你再做种植设计的时候，可以添加一些想要尝试的新东西……和我们通常情况下会尝试的相比，这一次的新东西多得多”。

皮特承认，出现了一些问题。“我在一些短命植物上犯了错，因为它们生长季短，而仲夏日照时间长，所以泽兰属和蚊子草属植物一起开花了，但这是个美好的错误——它们在一起看起来非常棒，非常新鲜。这在荷兰永远不会发生。蓼也是个错误，因为它的根系很浅，因此容易冻伤。杂交银莲花的各个品种也存在问题，它们的耐旱性不够。”大获成功的是深受大众喜爱的“鼠尾草河”景观；据皮特回忆，这个想法的灵感来源是“我见过的一场使用薰衣草的室内花展。我意识到，可以用三种颜色的鼠尾草创造出一种深度感”。

因此，在选择皮特和皮特的植物这件事上，事实充分证明斯特凡是正确的。到2003年时，伴随当地的一些重建工作和对城镇政客的有效游说，梦幻公园的总面积扩大到4 000平方米。小城恩雪平每年接待200多个旅行团，随着大量游客参观它的公园（这当然有助于支付维护费用），很多人认识了多年生植物的世界。埃娃·古斯塔夫松认为：“梦幻公园对瑞典产生了巨大的影响。皮特是这里的花园明星。几乎每个在瑞典做园艺的人都知道他的名字。”

2007年，斯特凡决定开始新生活，并在斯德哥尔摩找到一份工作，去瑞典最大的房地产公司瑞典住房担任首席园丁。2010年，作为城市更新项目的一部分，他得以委托皮特在工人阶级聚集的郊区谢霍尔门设计一个6 000平方米的公园。瑞典的其他项目包括在南部海岸小镇瑟尔沃斯堡（Solvesborg）一个伸入波罗的海的海角上种植1 600平方米的植物。据埃

娃·古斯塔夫松说，当那里的公园主管克里斯蒂娜·赫耶尔请求镇议会为这个项目提供资金时，她不得不面对的事实是，议员们都不是园丁，没有人知道皮特是谁；通过将皮特与国际著名足球明星如罗纳尔多或贝克汉姆相提并论，并争取到镇上建筑师的支持，她得到了必要的资金。

梦幻公园、奥多夫的其他项目，当然还有《梦幻植物》这本书似乎开启了种植设计在瑞典的真正复兴。特别是这些项目推广的植物种类强烈地刺激了对范围更广泛多年生植物的使用。其他从业者也得以利用对多年生植物的热情，将它们应用在这个国家民主意识强烈的公共空间。来自海滨城市哥德堡——那里相对而言气候温和——的一个例子是，莫娜·霍尔姆贝里和乌尔夫·斯特林德贝里在这座城市的住房项目中使用了种类极多的多年生植物，甚至提供了带有防风雨种植平面图的解说牌，而这些植物仅仅在一些环境较恶劣的社区生存下来就足以让来访者感到惊奇了。正如鲁内·本特松在瑞典语版《梦幻植物》第二版的序言中所说："皮特的工作是 20 世纪最大的（花园）趋势突破之一。"瑞典苗圃种植和销售的植物种类也受到了很大的影响，如今可以买到种类多样的多年生植物。

乌尔夫·斯特林德贝里最初是一名陶瓷艺术家，如今已成为最著名的瑞典本土花园和景观设计师，他的作品非常注重自然主义和丰富的多年生植物。他以典型的瑞典式公共精神将自己的工作时间分成两部分，一部分用于私人执业，另一部分用于为设计公共景观的公司工作。他曾是瑞典两场非常成功的花园展的首席建筑师，其中一场于 1998 年在斯德哥尔摩的罗森达尔花园举办，另一场是 2008 年在哥德堡市为该市的花园协会举办的，它们帮助提升了花园建造和优质种植设计的形象。在 2008 年的活动中，皮特做了一个小型种植并主持了一个研讨会。

禾　草

"花园里的这些珍宝怎么会被忽视了这么久？"卡尔·弗尔斯特 1957

年在《将禾草和蕨类引入花园》中问道。弗尔斯特在推广这些植物方面发挥了重要作用，在此之前，这些植物被认为是不美丽的或者不适合花园。皮特当然紧随其后。禾草当然并非无人知晓，只是被人们低估了；关于芒的文章出现在19世纪末的英国园艺杂志上，而且几个物种偶尔得到使用，但是在20世纪，它们的使用往往仅限于非常自然主义的种植。在20世纪80年代，弗尔斯特的学生恩斯特·帕格尔斯种植了禾本科多个属的植物，培育出至少24个芒品种和1个蓝沼草品种。位于莱尔的帕格尔斯苗圃距离许默洛只有大约2个小时的车程，因此，他和他的禾草几乎不可避免地加入到了皮特还在发展中的设计调色板中。不过，皮特第一次发现禾草的价值是在位于德国奥斯纳布吕克的彼得林登苗圃，但大部分植物的来源是恩斯特·帕格尔斯。他也来过许默洛，并对自己在那里见到的东西感到非常高兴。

皮特说："我当时已经对禾草感兴趣了，但不是用在花境里——要么单独使用禾草，要么将它们与健壮的多年生植物一起使用。"随着他的设计风格在20世纪80年代和90年代的发展，他变得更有信心将它们整合到还有多种开花多年生植物的种植中。他说："德国是禾草的最佳来源，我们和很多植物园有联系。我们认识汉斯·西蒙，我们从他那里得到了很多禾草，从乌尔斯·瓦尔泽那里得到一些，从英格兰得到一些。"后来，在建造芝加哥的卢里花园时，皮特认识了北美禾草，特别是这三个属：黍属、裂稃草属和鼠尾粟属。它们在北欧国家都生长得很好。

在将皮特关于禾草的思想具体化的过程中，一个关键进展是合著一本关于它们的书。迈克尔·金曾担任邱园秘书——这是个相当古怪的头衔，意味着他是董事会秘书，也是皇家植物园财务和行政部门的负责人，而当时他"作为撒切尔夫人治下的难民"搬到了阿姆斯特丹。他开始拜访许默洛。"刚发现皮特时，他对我而言只是某个经营苗圃的人，"迈克尔告诉我，"我们成了朋友……我想写一本关于禾草的书，因为我对詹姆斯·范斯韦登和沃尔夫冈·厄梅（在美国）所做的事着迷，而关于他们的方法没有任何书面的东西，关于禾草也没有人写过什么充实的内容。皮特刚和我开始

奥多夫最喜欢的两种禾草，左图是狼尾草，上图是帚状裂稃草

谈论禾草，他就为这本书提供了他的照片——我建议他共同创作，但他不想。一年或者更久之后，他改变了主意。我很欣赏这些植物，而且见过德国人做的东西，但我没有种过它们。他有这方面的经验。”

“为了这本禾草书，”迈克尔回忆道，“皮特第一次不得不解释他在做什么。他有一个关于剪影的概念，但是除此之外，我觉得他还没有完善自己的思想。他谈到了冬季景观以及禾草对此的重要性。我们唯一的分歧是关于彩色禾草的一章。他说：‘我们不能这样。我不能有关于色彩的一章……在我认为应该用禾草做什么这件事上，这一点完全不重要。’”实际上，这本书最后没有忽略色彩，但皮特的观点重复了更深层次的关切，即禾草的结构是最重要的问题。

就像经常发生的那样，迈克尔的主要障碍是说服出版商。最终，荷兰的一家重要出版商特拉出版社（Terra）接手了它，但这家出版社对外国版本不感兴趣。显然，是我将迈克尔介绍给了埃丽卡·亨宁格（Erica Hunningher），她当时是英国园艺出版界一位极具影响力的编辑——我已经忘了这回事，但迈克尔提醒了我。“最后，我的禾草书产生的不只是园艺上的想法，”迈克尔回忆道，“我在荷兰的出版商最终和埃丽卡建立了私人关系。”这本书显然在正确的时间被投放到了市场上，并在1996年以英语版《禾草园艺》和荷兰语版《美丽的禾草》同时出版。亨克·格里森将迈克尔的英语翻译成了荷兰语；德语版紧随其后。恩斯特·帕格尔斯携家人和朋友（迈克尔称他们为“他的随行人员”）参加了在阿姆斯特丹举办的发行派对，这被所有人视为终极认可。

这本书的不同寻常之处在于，它强烈关注禾草可以如何使用，尽管其中也包括了一份按照字母顺序排列的物种清单。禾草被认为是孤植植物，也是草地、花境甚至盆栽的潜在组成部分。根据和我交谈过的读者反馈，他们特别欣赏的是将禾草与多年生植物结合的相关材料，但也很喜欢很多关于如何将禾草与一系列植物结合的新思考，包括大叶多年生植物、伞形科植物（umbellifers），以及秋花多年生植物。有一整节的内容是关于伞形科植物的，该科成员如今被植物学家称为 *Apiaceae*，但曾用名是

“火舞”抱茎蓼（上图）和“示巴女王”类叶升麻（下图）；这两种植物在奥多夫后期的设计作品中都占有重要地位

Umbelliferae，它是峨参（cow parsley）和野胡萝卜（Queen Anne's lace）所属的科。书中有植物清单和建议使用的组合。秋季和冬季季相得到了特别的关注。对于园丁和设计师，它是一本需要努力学习的书。而且至关重要的是，皮特第一次被迫概述他的种植设计理念。这本书对威斯康星州的种植商兼设计师罗伊·迪布利克产生了特别的影响。"1998 年，"他回忆道，"有人给了我一本。我以为它只是一本常见的园艺书，把它扔到了皮卡的后座上，它在那里待了一段时间。但是当我仔细阅读时，它让我眼中含泪。关于多年生植物之间的相互作用，以前从来没有人写过这样的东西。它真的很吸引我，这是其他书没能做到的。"

培育新植物

苗圃行业中的很多人最终都会为自己的植物命名，皮特也不例外。"有一次，我们发现了一棵实生苗，"他告诉我，"它来自山桃草，开花时间极长，但不育。我们将它命名为'舞蝶'，它至今仍在贸易中。"很多从种子里长出来的植物会表现出自然变异，某一个体可能会表现得更优异或者在其他方面出现不同，值得挑选、命名和繁育。如果大量种植实生苗，从中选择最好的形态并无情地剔除其余个体，就能更审慎地创造新品种。

皮特成功培育的一个早期品种是"紫雨"轮生鼠尾草，它是在东欧很常见的一种多年生植物的神秘深色类型。"这让我们对自己培育实生苗的工作产生了兴趣。正因为如此，我们开始播种并进行选种。"皮特还回忆说，荷兰南部的重要种子生产商沙欣公司（Sahin）"种了几千株植物，所以在他们挑选出自己想要的植物之后，他们就让我们从里面挑选自己喜欢的。他们乐意让我们这么做——那是在 PBR 之前的日子。"PBR 代表"植物育种者权利"（Plant Breeders' Rights），一套类似专利权的制度。它让新型植物的创造者能够从自己的远见和工作中受益——但它也会增加种植商对可能有价值的遗传材料的保护欲。

奥多夫常用的一部分多年生植物。左上至右下：“火舞”抱茎蓼、“五月微风”林地福禄考、“觉醒”地榆、“亲爱的安雅”鼠尾草、“玛德琳”鼠尾草、“小公主”棯葵、绵毛水苏新品种、“处子”松果菊和“沃什菲尔德”星芹

一旦决定更系统地进行植物育种，皮特就向拉默特租了村子里的一小块土地，面积约 4000 平方米，并种植了数千株实生苗。这块土地对母株也很有用。他挑选出可能很好的新品种，在某些情况下，还能批发出售不想要的植株，这有助于支付育种工作的费用。在 20 世纪 90 年代和 21 世纪头几年，他选择出了大约 80 个他认为值得命名的品种。他还进行了一些混合选择，这是一个不断分批播种的过程：在一次播种后挑选出好的植株，播种它们结的种子，再从那一代中挑选最好的，如此循环往复，直到某个特定的显著性状稳定下来。“我对松果菊进行了混合选择，”他回忆道，“还有‘波尔多干红’星芹也是这么来的。花五六年时间才能得到一个好的种子株系……但性状几乎百分之九十九真实遗传。”他的松果菊品种以深色茎秆和花闻名，他认为这些品种的寿命长于市面上的许多品种。

皮特对松果菊开展的工作既有趣又有潜在的重要意义。这种北美多年生植物已经变得很受欢迎。形似雏菊的大花对大众有很强的吸引力，但它在寿命方面的记录却很糟糕。它在遗传上倾向于短命，但其寿命长短肯定也存在遗传差异。21 世纪头十年见证了使用紫松果菊和其他松果菊属物种进行杂交的大量育种工作，主要发生在美国。这主要针对园艺中心进行的销售。得到了一些令人兴奋的花色突破——橙色和杏色，但这些植物大多寿命短暂。对于那些想要寿命更长植物的人，这种育种没有任何用处。我们只能希望有人能接手皮特关于植物寿命的工作。

对于美国薄荷属植物，皮特想增加颜色范围并选育出对霉菌的抗性。他用黄道十二宫或美洲原住民部落命名自己培育的株系。但最终，他不得不面对这样的事实，几年后霉菌本身不可避免地会进化并影响新品种。不过，由于他的工作，我们现在确实拥有一些色彩广泛且长势健壮的好品种。在夏末多年生植物的主要观赏季到来之前，它们是非常好的蜂类植物和良好的色彩来源；它们的种子穗也能很好地经受住冬天的摧残。培育一个良好新品种的风险在于，当行业里的其他人获得它并开始繁育，然后自行销售时，其创造者很快就会失去它。正如皮特所说：“我们希望

盛开（上图）和仲冬时节（下图）的“致命吸引”紫松果菊

将我们培育的植物商业化，即使没有植物育种者权利，我们一开始也能卖出很多。”他在一家名为“众种”的公司注册了自己的一些植物，他是该公司的合伙人，并在头两年得到 5% 的特许权使用费。“两年之后，这些植物到处都是。于是，我们什么也得不到。”1998 年，皮特与另外两名多年生植物种植商兼育种者一起创办了一家名叫未来植物的新公司，以推销他们的新品种并通过植物育种者权利制度和其他新的法律保障形式来保护他们的工作。最大的客户是向北美出口的公司，所以有时候这会给皮特带来奇怪的体验，“在我的植物还没有被荷兰苗圃种植之前，就看到它们已经在美国生产……中西部地被公司和北溪苗圃的戴尔 · 亨德里克斯会非常迅速地将这些新植物投入生产……当我开始在美国工作时，我从中受益匪浅”。直到 20 世纪 90 年代初，向北美出口的荷兰公司经营种类繁多的品种，但它们都来自数量有限的属，尤其是落新妇属、萱草属和玉簪属。“我们有非常不同的植物供他们选择，”皮特说，“所以他们很热衷于向我们购买……他们喜欢我们的美国薄荷。”未来植物没有涉足裸根植物销售，而是专注于销售繁育许可。这反映在裸根植物全球贸易量的下降上；到 21 世纪头十年中期，裸根植物贸易被销售繁育材料（如无根插条）或繁育商定数量植株的权利取代。

“波尔多干红”和“罗马”这两个星芹品种非常成功，它们所属的一整套栽培品种将星芹转变成了重要的花园多年生植物，至少对于我们这些生活在欧洲较凉爽地区的人而言。“坦纳”地榆可能属于更大的成就，因为在皮特推广地榆之前，它们几乎从未被当作花园植物使用。皮特解释说：“‘坦纳’是我们在 20 世纪 80 年代初种植的株系，来自一家日本植物园，当时我们从植物园的种子清单中订购了种子。”这个属的植物非常有用，它们在夏季开花，而且拥有多年生植物中最好的初夏叶片，皮特已经选育了许多其他品种。弗吉尼亚草灵仙此前只是一种鉴赏家的小众植物，皮特选育了数个品种，而阿波罗是分布最广泛的；如今它已经成为任何多年生植物苗圃的核心品种之一。作为一个北美草原物种，它囊括了皮

“魅力”美国薄荷（上图）和“罗马”大星芹（下图）是奥多夫繁育并推广的两种植物

特所说的“良好结构植物”的许多品质。它在初夏至仲夏开花，并保持良好的垂直向上形态，直到在冬季割短。“紫晕”斑茎泽兰是一种有用的矮灌丛状夏末多年生植物，尽管很多人觉得它对于他们的花园来说太高了。“紫雨”轮生鼠尾草多年来一直很受欢迎，但最近变得很少见，尽管它的花呈现出非常独特的哑光深紫色。它在某些花园里已经生存了很长时间，但它的长寿并不是普遍存在的。

如今，从许默洛出来的新植物变少了。正如皮特所说：“我们在 5 年前就停止了积极寻找，但仍然偶尔会发现新植物，例如‘示巴女王’类叶升麻。”这是一个令人惊叹的杂交品种，植株高大且多分枝，很可能来自‘紫叶’总状类叶升麻和兴安升麻的杂交。皮特作为植物育种者所取得的成就，往往不为那些只看到他设计作品的人所知。执业设计师从事植物品种选育工作的情形十分罕见。在某种程度上很奇怪的一点是，从事种植设计的人，对新材料的开发竟然如此缺乏关注。

公共项目

从第一个电话到最后一棵多年生植物种在地里，重大设计项目可能需要多年时间才能完成。在皮特设计了伯里院子的花园之后，另外两个英格兰项目登上了他的绘图板。尽管它们之间存在很大的差异，但这两个项目的目的都是将花园打造成旅游景点。总体而言，园艺在当时的英国正开始经历某种繁荣，旅游业也是如此。随着更多人发现自己有了享受闲暇时光的钱，尤其是退休一代，对旅游目的地的需求也在增长。这些地方在英国有非常清晰的定义：宏伟的古宅，城堡，以及花园。然而，情况在 20 世纪 90 年代发生了变化，变得更综合和多面。“遗产”（heritage）是那些年的一个关键流行词，但很多人对高质量当代设计的渴望并没有得到满足。越来越多的人认识到，为了将游客吸引到某个地方，管理层需要考虑到的事实是，一对夫妇、一个家庭或者一群朋友的兴趣不同于老一代。建造一

本页：“韦德拉里”美丽半边莲，一种在夏末秋初开花的植物
右页及第 168~177 页：彭斯索普自然保护区

位于英国北约克郡斯坎普斯顿庄园的围墙
花园的两处景色

座作为现有“遗产”景点一部分的新花园，是吸引、娱乐和尽可能长时间地留住人们的一种方式。

一个这样的地方是彭斯索普水禽公园[6]，它位于诺福克郡，英格兰东部的一个以农业生产为主的地区，与荷兰有着密切的历史联系。这座公园的主要目的是管理一个自然保护区并鼓励公众到来，这里有多种栖息地：林地、沼泽和草原。它还在景观鸟舍中饲养了少量圈养鸟类。“我读到过皮特的作品，印象非常深刻，”当时公园的业主和园长比尔·马金斯说，“这个场地基本上是一系列充满水的砾石坑，我知道它不适合打造经典的英式花园。”1997 年首次接触之后，这个公园在 2000 年被列为千年项目（Millennium Project）进行建设，资深园艺师罗伊·兰开斯特主持了开幕式。皮特在 2008 年被要求重新种植一些新的植物，这也是一个添加更多现代风格的机会。

将花园作为吸引游客的视线焦点加以建设的另一个机会出现在 1998 年，当时查尔斯·莱加德爵士和卡洛琳·莱加德夫人请皮特在北约克郡斯坎普斯顿庄园带围墙的前厨房花园中为他们设计一个花园。这对夫妇在 1994 年搬到斯坎普斯顿庄园，并着手修复一座相当破败的房子。完成这项任务后，他们的注意力转向了花园。“我读过一些关于他的内容，”卡洛琳回忆说，“他种植的所有植物似乎都能在这里长得很好。我们的土壤疏松干燥，所以他的植物调色板看起来很理想……约翰·科克在伯里花园组织了一场讲座，于是我去那里看他……后来，我问他愿不愿意和我们工作。他一开始很谨慎，但是当我告诉他花园会向公众开放时，我认为这改变了他的想法。”

在不列颠群岛，社会精英人士所拥有的几乎任何乡村宅邸都有一个带围墙的花园。有些可以追溯到 18 世纪，但大多数源自 19 世纪。如今很少围墙花园行使最初的用途，因此如何处理这些空间的创新解决方案多种多样。把它们当成建筑用地卖掉就是一种解决方案——在 1961 年的苏塞克斯郡，我母亲自己就买了这样一块地，于是从那时起，在那里长大很可能塑造了我的思维方式！其他人则将它们变成了装饰性很强的花园，并将其作为旅游景点经营；这种做法已经在多个地方取得成功。斯坎普斯顿庄园还有一个咖啡馆和一些教学设施，旨在开发同时面向教育工作者和游客的市场。

当然，在四面墙内设计一个花园是在不可避免的框架内开展工作，因此皮特对富于几何感的荷兰空间的熟悉成了一项优势。卡洛琳说："当他开始做设计时，方案一下子就出来了。我们只调整了一件事，而且还是因为尺寸测量问题。有些设计师会反复修改一个想法——就像试图修改一幅油画一样。这样从来不如在一次非常强烈的创造性时刻全部做出来的好。我很激动，因为这样做出来的东西效果总是最好的。"

主要的限制是经济上的，这让卡洛琳决定尽可能多地自己繁育。"幸运的是，"她回忆道，"我们有一位非常好的首席园丁，一位非常出色的园艺师。他热衷于繁育一切，于是我们坐下来计算出我们需要……500 株'波尔多干红'星芹——用 10 株繁育出来，还需要 6 000 株蓝沼草——全部来自最初的 50 株。这花了 4 年时间，但我们自己繁育了所有草本植物。"虽然设计在 1999 年就基本完成了，但随着繁育计划创造出可以使用的植物，种植过程进行了一些年。"我们形成了惯例，皮特每年过来 2 次，工作一整天直到很晚，然后晚上在这儿过夜。"卡洛琳回忆起皮特在种植时一心一意的工作方式是多么令她印象深刻，"他很安静，这太神奇了。他只是拿起植物，将它们摆好……实际上，因为我打算在植物上省钱到这种地步，他责备过我几次。"

卡洛琳讲述的关于皮特的另一个故事让我们得以洞察他的工作方式："对于最小的细节，他有着非常敏锐的观察力。有一天，他走进花园，站在一条穿过很多禾草的大路尽头。它长约 50 米，包含数千块铺地砖。他说'卡洛琳，这条路不直'，我一言未发，然后我问了铺设它的泥瓦匠，他告诉我这条路偏离中心两英寸（约 5 厘米）……它的一头是两棵椴树，另一头是红豆杉树篱，而他不得不将路的两头分别设在椴树和树篱的中央。我目瞪口呆。皮特什么也没有说，他只是走开去做其他事。几个小时后，他回来说他知道该怎么办……他建议我们可以打破边界线，撬起两层砖再将它们铺到对面去，应该就能解决问题。这个办法确实有效。”

围墙花园极少是严格的四方形，但正如卡洛琳对她的围墙花园所指出的那样，皮特“设法让它看起来是对称的。在花园的一端，夏季黄杨花境中有六个黄杨方块，而春季黄杨花境中则有七个，但它们排成一列。简直太巧妙了”。皮特精心规划了结构和规则式元素的位置，而对于多年生种植的主要区域“多年生植物草地”，他却没有使用图纸，全部现场铺设完成。

斯坎普斯顿如今已经成为英国园艺大众的一座著名花园。它位于凉爽干燥的东北部，土壤疏松，土质不够肥沃，这让它成为帮助教育园丁的一个特别重要的地方。学校团体现在使用这里的花园和庄园上课，而且计划建立一个遗产和学习中心。富于图形感的当代形式与质感丰富的多年生植物相结合，令它对设计师和园丁都极具指导意义。

1999 年，皮特和亨克合作的第二本书《更多梦幻植物》出版。它精炼并增加了上一次合作确定的植物范围。这或多或少也是用在皮特大部分设计作品中的植物调色板。它将读者同时视为园丁和设计师——这样的人不但想布置一个吸引人的花园并从艺术方面思考植物，而且也意识到需要思考自己必须做多少工作才能维护它们。两位作者之间的讨论产生了一系列植物类别，这些类别对于从设计和长期维护两方面入手寻找植物的人而言是很有意义的。对于第二个重点的成功，亨克在植物生态学方面的丰富知识无疑发挥了关键作用。

关于皮特对植物的使用，这本书的结构揭示了很多东西。在引言中，作者明确表示需要特殊生境——例如永远潮湿的土壤或者非常顺畅的排水——的物种不在考虑范围之内。“专家级植物”（specialist plants）同样如此，它们非常娇弱，而且很容易被毗邻的植物闷杀。作者不赞成通过杀虫剂、“劳工大军”和“额外施肥”等“人工道具和支撑”种植植物，重点非常明确地放在适应性和寿命上。这本书分为三部分：坚韧的（Tough）、顽皮的（Playful）和麻烦的（Troublesome）。“坚韧的”部分包含长寿且适应性强的属，如升麻属（现已归入类叶升麻属）、老鹳草属和向日葵属，并有冬季剪影、巨大植物、禾草和球根植物等章节；“顽皮的”部分包含倾向于自播的植物，我们现在知道这常常与较短的寿命有关，此外还有介绍二年生植物的章节；“麻烦的”部分涵盖寿命更短的多年生植物如紫松果菊，以及表现难以预测的种类，例如许多带有黄褐色斑的蓍草杂交种。书中还有两个短章节，分别介绍“要求苛刻的植物”，以及被形容为“未通过测试”的植物。要知道，园艺图书并不经常包含负面内容。

如此关注适应性强的物种——生态学家可能称之为“泛化种”（generalists）——标志着编写参考资料的方式出现了明显的创新。德国文献，至少是受到汉森学派的影响，一直专注于为特定环境条件选择植物；英国人还对操纵环境条件并令其适配最喜爱的植物感兴趣。多年生园艺的历史主要是种植数量相对少且拥有高强度“花卉能量”的植物，并达到非常高的标准，包括芍药、翠雀、菊花、紫菀等。每个属都拥有极为多样的品种。翻阅 20 世纪早期的苗圃产品目录，总是能发现丰富的“多年生植物”，也就是按字母表顺序排列的未经杂交的物种清单。然而，它们在很大程度上是所占比例较小的元素。在德国，卡尔·弗尔斯特的睿智建议和对自然主义在园艺中的鉴定承诺，确保了这些植物永远不会被遗忘。在荷兰和英国，这些植物让人感觉它们必须努力争取属于自己的角落。皮特和亨克的两本书最终将它们引入大众视野，宣传了它们的品质——还概述了它们作为设计元素的重要潜力。

1999 年，皮特和我也出版了我们的第一本书《用植物做设计》，出版方是位于伦敦的康兰章鱼出版社。我在 2 年之前向皮特建议合著一本书，以探索他的基本设计理念。在此之前，我曾为英国皇家园艺学会的会员杂志《花园》和《金融时报》撰写过关于皮特的文章。显而易见，下一步就是出版一本书。

这本书试图通过观察多年生植物的独特形状——或者更确切地说它们

奥多夫最喜欢的格言之一是“一种植物只有在死后看起来还不错的情况下才值得种植”

的花以及在某种程度上它们的叶片的形状——来概括皮特的基本设计语言。它谈到了尖顶、纽扣和球体、羽毛等。16 年之后再翻开这本书，我有点惊讶地看到一些基于色彩的扩展内容，但当时的时代思潮是如此被颜色主导（归功于哈德斯彭庄园的波普夫妇和几本关于色彩的成功图书），所以，我想是我们觉得也必须从色彩方面考虑。书中还有关于结构植物和填充植物的内容，使用的是禾草、伞形科植物和建筑——在这里，我们指的是经过修剪的木本植物，还有一个章节的标题是“打破规则”。最后这一点对于皮特的思想而言是根本性的，而且至今仍然如此。从一开始，摆脱种植设计的传统和摒弃可预测的公式化植物组合就是他设计工作的核心。还有一个主要章节以“情绪”为标题。我们在其中概述了植物设计中更微妙且难以确定的方面的影响，例如光影、运动、和谐、控制，以及“神秘主义”。除了照片里的大量雾气，我仍然不能百分之百确定自己知道我们提出的这个类别是什么意思，但它看起来不错，听起来也不错。最后，这本书的结尾是几乎不可或缺的季相相关章节（看不到郁金香的春季），以及一个标题为“死亡”的章节，这很可能是园艺图书第一次用“死亡”作为标题而不含负面意味。

对于这本书，我的角色在很大程度上是皮特的代言人。作为一个注重植物的园丁、偶尔的设计师和前苗圃主，我认为皮特能够信任我，我可以阐述和解释他做的事情。我记得我在 1998 年 2 月去许默洛待了一个星期。天气很冷，所以我们没怎么出门走进花园。皮特和我坐着工作，每隔两三个小时，安雅就会走进皮特的书房，带来面包和奶酪，或者咖啡和蛋糕。我当然会问皮特问题，然后我们会仔细研究平面图和照片。尤其是照片。皮特用视觉思考，所以我的任务是尝试阐述他的所见。照片总是能够有效地帮助他解释自己的方法论，特别是因为他如此全面地拍摄了自己的作品。

作为摄影师的皮特

Piet as Photographer

我很早就注意到，皮特会孜孜不倦、持续不断并系统性地拍摄自己的作品。“这是一种记录和评估我所做工作的方式。”他说。当我在许默洛住下时，常常会发现皮特在黎明后不久拿着照相机出现在花园里。在早期的一次造访中，我们在晨雾中出发，去给附近一个客户的花园拍照。事实上，摄影一直是他作为设计师取得的职业成功的关键部分，并在帮助我们改变对植物和自然之美的看法上发挥了重要作用。

我花了一段时间才意识到，皮特实际上非常注重技术。尽管他至今仍然用彩色铅笔手绘平面图，但他始终用着最新款式的相机、计算机和设备。实际上，他使用数码相机的时间远早于许多职业花园摄影师。

皮特为我们共同编写的图书提供了自己作品的几乎所有照片。这对于花园设计师而言很不寻常，因为这个职业往往依赖职业摄影师的工作来呈现自己。虽然摄影师仍然是许默洛的常客，但我们书中的图片大多是皮特拍摄的，并反映了他的个人视野。这还让他能够记录最小的变化，从这个意义上说，这是花园和景观设计的重要组成部分。

皮特理念的一个关键部分，也是根本上源自亨特·格里森思想的一部分，是在自然中寻求未被寻求过的美。种子穗、变黄的叶片和萌发的春芽，都会像鲜艳的花朵一样吸引他的注意力——实际上比花更快得多。拍摄这样的作品并将其发表，有助于教育我们所有人以不同的方式看待植物和种植，并从中获得更多。他无疑影响了职业花园摄影师。20 世纪 90 年代末，我们第一本书中白霜覆盖冬季多年生植物的照片就产生了很大影响。当时的很多园丁仍然在秋末将植物剪到地面高度，将具有潜在艺术价值的材料扔进肥料堆。在接下来的几年里，许多摄影师焦急地浏览天气预报，寻找霜冻可能发生的迹象；在那之后，杂志上出现了一连串冰霜下的花园，至少直到他们——和皮特——厌倦了这个特定的视角。

与任何艺术或设计运动一样，自然种植运动不仅向公众展示了新的思想，还教导公众如何观看和欣赏其作品。按照传统，公共空间和私人花园中的种植重视人为主导的秩序而不是自然表面上的混沌。生物多样性议程——对过去被忽视（甚至被刻意避免）的植物和无

脊椎动物物种的重视——帮助很多人从积极的角度看待更自然主义的种植。然而，大多数人仍然期待经过设计的种植显露出受到蓄意支配的迹象。皮特工作中最重要的方面之一就是帮助实现这种转变，不只是创造对许多旁观者而言看起来自然的种植——无论这实际上可能蕴含着多么强烈的艺术性，而且还让我们得以重新解释“自然之美”的意思。

植物调色板

毫无疑问，皮特的工作以及亨克·格里森的工作一起，在拓宽对多年生植物之美的普遍认识方面作出了很大贡献，并在这个过程中拓宽了我们的植物调色板。他关注将要死去的多年生植物和种子穗在秋季的观赏性，这尤其充满变革性。它不应被视为病态；正如皮特所说："我在乍一看并不漂亮的事物中发现了美。这是一场生命中的旅程，去发现真正的美是什么——并注意到它无处不在。"

皮特总是使用一系列核心范围内的多年生植物，它们对他而言生长良好，基本上是在大陆性气候下茁壮成长的物种，而且往往从初夏开始呈现最好的面貌。人们有时好奇他为什么不使用更多春花植物（球根植物和灌木）或木本植物。不知为什么，人们期待一个花园设计师必须使用在特定气候下有可能种植的任何东西。我们会这样期待一个艺术家吗？我会不会去找一个备受赞誉的陶艺家朋友，跟他说"雕塑怎么样？别只做陶艺了，试试雕刻黏土"。我很可能不会这么做。我们尊重艺术家对媒介的选择，但也许对其他以设计为中心的职业抱有太多期待。"万事都通，一门不精"这句话对花园设计师尤其适用。专长和专注可以孕育出多面手所不能企及的精湛技艺。

皮特其实也使用乔木和灌木，但在很大程度上将它们作为专注于多年生植物的整体设计的一部分。然而，由于他的名声和他接受的媒体报道如今与多年生植物如此密切相关，使得他对木本植物的欣赏总是有被忽视的风险。如果有合适的机会，他喜欢更多地使用它们。一个很好的机会出现在需要为楠塔基特岛上的一个大型私人花园创造一圈遮风灌木时，而他在高线公园部分区段沿线创造的疏林是发展真正植物群落的黄金机会，那里的下层多年生植物可以说是次要元素。

对皮特而言，春季季相在于植物开始生长时的形态和质感——这种美很容易被忽视，尤其是在它被色彩缤纷的球根植物和开花灌木包围时。我们大多数人在这个季节都没能注意到任何别的东西。而且坦率地说，社会公众期待一定程度的春日活力。幸运的是，春季开花的球根植物和其他夏季休眠的多年生植物可以多多少少叠加在主要供夏季观赏的多年生植物上。皮特如今越来越多地将球根种植添加到自己的项目中，但他的终点是小型球根植物，如番红花、雪片莲和银莲花，以及春花夏眠植物，如滨紫草和延龄草。实际上，自从高线公园以来，皮特一直在将球根植物配置作为多年生植物配置的搭配。

在某些项目中，例如在芝加哥的卢里花园和在纽约的炮台公园中，他曾与担任球根植物设计师的杰奎琳·范德克洛特共事。她从国际球根植物中心获得了有益的资助。杰奎琳倾向于使用大胆且色彩浓烈的球根植物种类，其中常常包括郁金香和洋水仙。然而，任何仔细观察他们共同作品的人，都会看到淫羊藿和玉簪萌发的新叶，以及毛茸茸的草丛重新焕发活力。在这些项目中，春夏种植的互补时间线意味着两位艺术家可以占据同一个空间。

对于生活在欧洲西部边缘或地中海周边，并因此拥有温和冬季的人而言，有一整套可以为我们所用的植物并不属于北欧气候下的奥多夫调色板。很多此类植物是常绿亚灌木或者在冬季保持绿色的多年生植物，包括一些源自南半球的种类。皮特会随机应变，在必要时使用它们——例如当他在 1999 年设计巴塞罗那附近的一个小型私人花园时，或者为伯里院子设计砾石花园时——但是到目前为止，它们仍处于边缘地位。如果气候条件允许，他有时会使用百子莲属、雄黄兰属和丽白花属植物。

阴生植物一直是奥多夫调色板的一部分，但是因为他承接的大部分种植都是在开阔环境下进行的，这也是种植设计的“默认设置”，所以我们往往看不到很多阴生植物用在种植工作。类似地，他可以将自己的植物调色板朝特别潮湿或干燥的环境条件调整。实际上，这些环境条件为他提供了使用一些最喜爱的植物的机会，因为很多此类植物不能在其他条件下大量使用。其中，包括叶片硕大的雨伞草属和鬼灯檠属植物。

总体而言，关于植物调色板的一个要点是，如果设计师开发出了一套

上图：滨紫草、丽荷包、东方铁筷子和垂铃草
下图：许默洛早春时节的银莲花属物种

成功的调色板，就已经完成了大部分工作。正如德国和瑞士的混合种植[7]系统开发者所发现的那样，在视觉上兼容的植物随机分布组合（他们使用了 15 至 20 种植物）是非常令人赏心悦目的。种类有限的植物调色板易于使用，只需要几种植物就能创造出想要的图形化效果，但是在一段时间之后，这种重复会变得令人乏味。然而，既定空间中过多的植物多样性会让我们眼花缭乱，难以欣赏整体。设计师在这个问题上有强烈的意见。我记得曾经和一群人去俄勒冈州波特兰市的一个“园艺师花园”，其中有詹姆斯·范斯韦登。参观到一半时，我注意到他离群走散了。当我找到他时，他已经走到了马路另一边，正独自一人站在雨中。“我受不了这一团糟了。”他恨恨地说。

皮特成功的一个根本原因，可能在于他平衡连贯性和复杂性的能力。总是有足够多的同一种植物营造即时视觉冲击，但他的种植包括如此众多的不同种类，令其复杂性也很吸引人。复杂性相对容易实现——只需要许多不同的植物即可。然而，连贯性既难以实现，也难以描述。我只想指出，多年以来，皮特一直在尝试使用许多不同的方法来实现连贯性。

尽管在皮特的成熟植物调色板中有种类多样的植物，但他的许多植物的大致相似性创造了一种基本的视觉统一性。色彩对他而言并不重要，这个事实具有将其从复杂局面中去除的矛盾效果。由色彩驱动的园丁和设计师，或许会不可避免地被经过高度繁育且花朵在生物质中占很高比例的植物吸引。和细碎的颜色相比，色块也更有可能看起来不协调。尽管奥多夫植物调色板中的很多植物种类不是栽培品种或杂交品种，但它们都保持了其野生祖先自然的花叶比例。所有植物都来自大致相似的气候区，这也有助于创造统一性；我们这些海洋气候区的人可以肆意混合搭配，但这样做有可能造成种植在视觉上缺乏清晰度的风险，更别提秩序了。

时光流逝，但皮特的植物调色板改变不大。某些物种似乎只在特定阶段占据主导地位，但它们很少消失。例如，早期照片中似乎有大量植株高

大、雕像般的肉粉色斑茎泽兰和成堆的鲜红色抱茎蓼。30 年后这两种植物仍然存在，只是主导地位没那么突出了。皮特的总体选择的主要变化是：

1 减少使用寿命较短的物种，或导致各种管理问题的物种。早些年，很多二年生植物出现在皮特设计的花园里；例如，他强调了伞形科植物在结构上发挥的作用。这些植物和通过播种繁育的短命多年生植物是难以预测的——有时它们不结籽并因此逐渐消亡，或者它们自播太多种子，变得像杂草一样难以控制。很多多年生植物也不是真正的多年生植物，但拥有三年及以上的寿命。因此，这些种类现在用得少多了。如果一个项目的管理能够更替那些可能消失的植物，那么皮特还会用它们；如果不行，皮特就会舍弃它们。他说可以引入短命自播植物，但只有在种植已经成熟且大多数地面由真正的多年生植物占据主导地位时才可以。他过去经常使用一些很棒的二年生或短命自播植物，毛蕊花属和毛地黄属就是两个例子，但现在很少用了。

一个可悲的事实是，许多短命植物在结构上非常好。藿香属是一个例子，松果菊属是另一个例子，尽管后者在北美的寿命比在欧洲更长。由于上面讨论的原因，如今这两个属都不再是皮特用于大规模种植的植物调色板的一部分，在这些种植中，维护可能会出现问题。包括当归属、茴香属、疆前胡属和茴芹属在内的伞形科植物也失去了他的青睐，不过，应该鼓励家庭园丁使用它们。亮舌床属的寿命似乎更长，并且仍在使用。柳叶马鞭草和多穗马鞭草过去经常出现，但它们的表现非常难以预测。

我清楚地记得 20 世纪 90 年代末和皮特的一次聊天，他对我说的话大意是“现在每个人都在使用柳叶马鞭草，所以我不会再用了”。

其他一些植物被舍弃，是因为它们总体上似乎很不可靠：颜色红到惊人的白茅似乎对生长地点非常挑剔，而拥有很高茎秆和细长叶片的柳叶向日葵往往过于纤弱，无法支撑自己的重量。

2 禾草的使用自20世纪90年代后期以来增加。我们已经见到皮特对禾草的了解如何从20世纪90年代后期开始转化为更广泛的使用。北美草原禾草仍然具有巨大的商业潜力，而且随着新品种的出现，它们开始出现在多种种植设计中。异鳞鼠尾粟是皮特觉得他可以“按照原样”使用的物种之一。对于其他禾草，则需要苗圃的选育工作来生产适合皮特使用的品种。一个例子是帚状裂稃草，它可能短命，而且容易倒伏；高线公园使用了“蓝调”（The Blues），德国杰利托种子公司培育的一个经过改良的种子株系，拥有漂亮的叶色。“它仍然倒伏，但现在有不倒伏的新品种了。”皮特指出。

3 自21世纪初承接卢里花园项目以来，北美各属的数量有所增加，例如银胶菊属、山薄荷属、芦莉草属和金风芹属。这些植物在欧洲不一定能蓬勃生长，因为有些种类似乎需要夏季高温才能茁壮成长，不过短齿山薄荷、芦莉草属和金风芹属物种可以良好生长。在常见的属中，皮特常常使用较不常见的物种以提供趣味，例如花冠大戟和神香草叶泽兰。白普理美国薄荷是最近引进的物种，经常和拟美国薄荷混淆。其更长的寿命和紧凑的株型，令皮特和其他从业者越来越多地使用它。

在英格兰获得的荣誉

切尔西花展长期以来一直被认为是全世界此类活动中的翘楚。传统上，它旨在为苗圃和该行业的其他企业提供展览地，供它们推广自己的产品，其中大部分将陈列在巨大的中央室内展区（marquee）——没有一个行内人士会把它叫作帐篷（tent）。该花展在其历史的大部分岁月里每届只持续三天，但它长期以来既是重要的园艺活动，也是英国上流社会的社交日历上一个排得上号的日期。

展览场地周边一直设有展示花园，在历史上由花园设计建造公司或提

盛花期的夏末多年生植物，许默洛

奥多夫经常使用的两种植物，“仙纳度”
柳枝稷（上图）和“迪克斯特”福禄考（下图）

供类似服务的苗圃建造。在 20 世纪 90 年代，随着花展的重点开始发生变化，苗圃越来越不愿意在室内展区展出。这一发展状况恰逢园林设计普及率的大幅提高；收入的增加使得更多人进入这个市场，因为他们有钱请职业人士布置自己的花园。对耸动人心的电视节目的关注极大地刺激了（尽管有些人可能说是人为膨胀了）设计革命，这些节目记录了令人印象深刻的周末花园改造，以及明星主持人天花乱坠的宣传炒作。展示花园越来越成为切尔西花展的焦点，令行业领先的设计师争相抢夺曝光机会。电视和报纸的报道将花展打造成一场盛大的媒体奇观。

《园艺画报》杂志 1997 年在切尔西花展上赞助了一个展示花园，由克里斯托弗 · 布拉德利 – 霍尔设计，他是为该活动设计花园的众多伦敦设计师中的第一个。“这帮助他开启了新的职业生涯，”罗茜 · 阿特金斯回忆道，“而且他迷上了皮特，还被罗伯 · 利奥波德深深吸引。”克里斯托弗是一个有趣的例子，代表了那些绕开多年生植物运动的设计师；他长期以来一直对种植很感兴趣，而且非常有创造力，但他也非常坚持独特的图形和构造风格。他是约翰 · 科克的朋友，后者在 2003 年委托他在伯里院子建造一个新的前花园。

罗茜记得，1997 年，“阿恩 · 梅纳德迈进《园艺画报》的办公室，急切地想要建立联系。他在很大程度上是个天真烂漫的新人……他说，他想和皮特一起工作”。罗茜建议他和皮特为这份杂志合作建造 2000 年度的切尔西花园。“这是个有趣的组合。我认为这在切尔西是前所未有的，两名设计师一起工作，”她说，“这并不容易，而且他们俩都没有这样的经历。我最后成了这个项目的项目经理。它有可能变成一团糟的大杂烩，但最终结果很好——获得了金奖和最佳展示奖（Best in Show）。”皮特记得“罗茜让我和阿恩一起做花园。我没法自己做……云朵树篱是他的主意，但是墙壁、绘画和喷泉都是合作成果”。对于皮特，这是“一次性事件。你必须住得离伦敦近，而且如果你没有工作人员，在切尔西花展做花园设计会非常复杂”。

越来越野

WILDER AND WILDER

+

皮特的工作中是否存在方向性箭头？一种显著且压倒一切的趋势，令他的所有设计创新都落入某种连贯的模式？斯特凡·马特松会说："他的风格正在变得越来越野。"我深以为然。皮特有一条清晰的设计轨迹。他已经摆脱了源自包豪斯风格的米恩·吕斯这棵宏伟大树的阴影，发展出属于自己的种植技术，而对这些技术最贴切的形容是，它们是对自然的重新创造。随着时间进入21世纪，他的新项目在植物的组合方式上开始越来越复杂。特别是皮特的作品开始表现出从块状种植到"杂"的转变。

莱奥·登·杜尔克对花园史的热情赋予了他长远的视角，他说："皮特符合荷兰的传统，我们向来有成为园丁的博物学家……"泰瑟和他的团体成员是园丁和博物学家。园艺界的大腕们也对自然非常感兴趣。例如，米恩·吕斯也对野生植物感兴趣，尽管她不一定将它们纳入自己的种植方案。不仅如此，很多花园都受到博物学家思想的影响。

从架构有序到几乎狂野的这条轨迹，可以大致概括为以下几个阶段：

- 逐渐舍弃经过修剪的灌木；
- 从块状种植转向混杂；
- 从配置多年生植物的一种方法转变为多种方法，即作为日益增长的复杂性的一部分；
- 更强烈的"自然主义"，即外观表现为自然植物群落，或者至少是我们人类认为在审美上令人愉悦的自然植物群落；
- 明确注重最大程度提高在大多数种植条件下长寿的植物品种的比例。

随着时间的推移，观察皮特的种植，我们可以认识到一种越来越复杂的趋势。斯特凡·马特松曾四次委托皮特做设计，在这种独特的位置上，他可能是最能见证皮特的设计如何演变的人。关于恩雪平的梦幻公园，他说："在他做的块状种植中，植物和它们的邻居很好地组装在一起。当我第一次看到它时，它似乎有点奇怪。每块区域都是一样的大小，长约 3 米，但效果很好。他现在的工作方式需要更多植物知识。在谢霍尔门，我们使用了不一样的混合种植，而且有供维护人员使用的狭窄小路穿行在它们之间并将它们分开，令花境更加清晰，这让维护人员更容易知道地上应该有什么。”

回顾梦幻公园的块状种植风格，斯特凡说：“在 2013 年的一次会议上，皮特被问到如今他会不会用不一样的方式设计它，但他对这个问题避而不答……实际上，我喜欢他做梦幻公园的方式。我不会改变任何东西。块状种植的效果很好，我不认为你可以简单地把那种风格扔掉。”

维护更复杂的种植需要更多植物知识。设计它们也需要更多技能。那些为维护人员或可用预算有限的情况进行设计或者委托别人设计的人，最好考虑到这一点。减少物种数量或者降低种植的复杂性确实会让维护更容易。那些无法确保高水平管理技能的人，可能更适合学习皮特职业生涯的早期阶段。

位于瑞典恩雪平的梦幻公园

硕大刺芹在位于英国萨里郡的皇家园艺学会
旗舰园韦斯利花园的奥多夫花境自播

这个花园被命名为“进化”，包括一面红墙和红墙前的一幅画，两边各有一棵修剪成云朵形状的树。在画的前面，经过修剪的黄杨方块环绕着圆形混凝土水景。皮特的种植占据了两侧的空间。其中有红花大星芹品种、紫羽蓟和拥有深铜紫色叶片的“紫叶”单穗升麻——全都取自墙壁的颜色。

在萨里郡的韦斯利为皇家园艺学会花园设计一个花园，是皮特“来到”英国的另一个标志。至少在 21 世纪头十年前期，英国仍然有一种残余的沙文主义倾向——常常能够清晰地看出非英国建筑师和其他从业人员在重大公共项目的设计中显然不受欢迎。看到皇家园艺学会向皮特寻求创新，这是一个突破。

当时名声正盛的花园设计师佩内洛普 · 霍布豪斯在幕后游说，令皮特得到了这份工作：创造新的双重花境。这个区域是要作为皇家园艺学会推出的一个重大新开发项目的一期阶段。韦斯利花园的旧双重花境从花园入口延伸到巴特斯顿山（Battleston Hill），而设计概念是创造与之并行的新版本。旧花境是 20 世纪初布置的，到 20 世纪 90 年代末时显然已经过时了；它们只能说明老式多年生植物种植是多么僵化（如今它们已经被现代化改造了）。皇家园艺学会想让当代版本通向一座新玻璃温室的所在地。新花境不仅能让沿着中央通道走向温室的人观看，也能让人从一座“山”上看到，它是位于花境另一端的小丘，种有本土野花和矮化苹果树。

虽然完成后的花境令人赞叹，尤其是在禾草状态最好的深秋，但维护和管理员工做了一些改动，导致它们开始偏离原来的方案。皮特指出，“它不再是最初的设计了”。

混合与混杂

BLENDING AND INTERMINGLING

+

皮特在21世纪头十年的许多规模较大的项目，都涉及块状种植（block planting）和散布种植（scattering）。然而，在这一时期刚开始时，他才开始尝试一种性质不同的方法：创造将数个种类混合在一起的植物混种模式。效果更自然也更复杂，但它为增加既定空间中的季相趣味提供了很好的机会。在使用混合种植（blending）这方面，他不是一个人。在种植设计的生态基础方面有着非常强大传统的德国从业者已经使用它一段时间了。美国和英国的一些人也一直在使用它，但规模很小。这种策略如今称为"混杂"（intermingling），并在我们的书《种植新视角》[1] 中得到了深度讨论，而且我们还在书中说明，这是一种我们才刚刚开始探索的复杂方法。我们坦率地承认，关于它，我们还有很多东西要学习。

皮特转向混合植物，是因为混合植物极大地增加了创造有吸引力且实际上具有功能性组合的可能性，而且这引入了更多自然主义的基调。早期混合往往很简单，常常只将两种植物组合在一起。一个很好的例子是蓝沼草和荆芥叶新风轮菜的组合。蓝沼草的株型非常直立，而且往往在各个草丛之间留下空隙，而荆芥叶新风轮菜有明显的中央生长点和向外伸展的叶片（即植株本身不会蔓延）。通过有效地填充空间，这两种形态达成了互补的关系。另一个组合则通过在分药花品种之间种植牛至属或老鹳草属物种，来缓和前者直立株型的不协调感。

从这些非常简单的起点开始，皮特的混杂变得越来越复杂。就像任何一位数学家会告诉你的那样，你考虑的变量越多，可能性的范围就会指数级增长。对于植物设计师而言，这是一个令人兴奋的领域。从大约2010年开始，皮特的作品开始越来越多地使用混杂种植，常常与块状种植或矩阵种植（matrix planting）并列。

韦斯利花园（2001）是皮特大规模使用混杂种植的最早的例子之一；它几乎

[1] 此书国内已引进并在2021年出版，中文版书名为《荒野之美：自然主义种植设计》。——译者注

完全由带状种植（band）组成，每条带状种植混合了大约五或六种植物。伦敦泰晤士河畔波特菲尔德公园（2007）使用了类似的策略，但是将带状种植拉长，创造出了有直边和棱角弯曲的斑块状种植（drift）。和格特鲁德·杰基尔的飘带一样，从两端观看它们，会有截然不同的印象。贝尔讷公园（2010）利用场地圆形迷宫似的气质创造出了一系列混合搭配，供参观者沿着小径走向花园中心时欣赏。谢霍尔门公园（2010）用同心圆实现了一种大致相似的方法，但这次用在更传统的城市公园空间中。在这两个公园里，散布植物都被用来连接不同的混合种植区和其他区域。

上图：在芝加哥卢里花园，植物排列成一条条“飘带”

下图：伦敦泰晤士河畔波特菲尔德公园的秋日景观

MINI

INTERNATIONAL COMMISSIONS

国际项目

芝加哥的卢里花园：第一个北美项目

到20世纪90年代，华盛顿特区的厄梅范斯韦登公司的实践显然在美国东海岸的种植设计方面发挥着引领作用。然而在中西部，花园和景观设计已经陷入了乔木/灌木/割草草坪的贫乏模式中。位于前工业区“锈带”之中的美国主要城市已经衰落了几十年，而芝加哥正在从这种衰落中慢慢恢复，它面临着等待再开发的城市荒废地区。

市中心附近有一个特别有碍观瞻的地方——正如市长理查德·迈克尔·戴利本人某天从他的牙医位于密歇根大道的诊所向窗外看到的那样。他开启了一场运动，清理距离密歇根湖岸边不远的这片废弃铁路用地。一个提案在他的推动下提出：在这个地块的地下停车场顶上建造一座公园，公园本身将建造在芝加哥通勤铁路和伊利诺伊中央铁路的铁轨上方。它将被称为千禧公园。安和罗伯特·卢里基金会为花园的建造提供资金，并约定最终的设计将通过竞标选出。

于是，2000年，皮特受邀加入华盛顿州西雅图市古斯塔夫松·格思里·尼科尔事务所（简称GGN）领导的团队，争取拿下这座新的公共花园。事务所的负责人之一凯瑟琳·古斯塔夫松已经享有全球首屈一指的景观设计师之一的声誉。她邀请皮特加入团队，因为她“认为他的工作非常出色……我们的工作是如此不同，这是互补的”。

当GGN在2000年10月中标时，皮特意识到自己手上有了一个重大项目。这不仅是他在北美的第一个项目，而且他还将和一位以固执著称的同事一起工作。然而，工作结果却取得了惊人的成功，这在很大程度上归功于景观设计师和园艺师之间的相互尊重。正如古斯塔夫松所说：“皮特改变了景观设计师看待园丁和园艺职业人士的方式……我们已经判断，我们对他那种多年生种植不够了解，我们需要引进更专业的技能。”

每天都有数百至数千人步行穿过卢里花园。很多人停下脚步，欣赏这里的植物——春天的球根植物和开花乔木，贯穿整个夏天的多年生植物，以及秋天的大量禾草和野花种子穗。即使在冬天也有植物可看。美国中西部细碎干燥的雪不会压垮它们，往往聚集在种子穗上和周围，用洁白的颜色突出它们的剪影——至少在它们被雪完全掩盖之前是这样。维护人员其实每年都会将它们砍倒，只是这段时期很短。

卢里花园让很多芝加哥人大开眼界。它表明，在一个不以温和气候著称的地方，也可以种植种类广泛的多年生植物；它还展示了许多地区本土植物用在花园中的潜力。这座城市的拉丁语座右铭“Urbs in horto”可以翻译成“花园中的城市”，而且这座城市有很多美丽的公园，但是在城市中心建造一个基于多年生植物的公共空间，这个想法是变革性的。在 20 世纪末，园艺在美国中西部文化中并不是占有重要地位的消遣。然而，该地区确实有一些花园设计的历史。设计师威廉 · 米勒在 20 世纪初为花园和景观建设推广北美草原植物，大约在同一时间，弗兰克 · 劳埃德 · 赖特正在建筑设计领域领导草原学派。这里也是被视为 20 世纪中叶美国景观设计界伟大人物之一的延斯 · 延森工作的地方，他也非常强调北美草原景观的自然主义召唤。

然而在一段时间内，北美草原恢复和北美草原植物在景观中的使用一直是一场表面安静但不断发展的运动，特别是自 1962 年一个草原区域得到恢复以来。这个区域如今名为舒伦伯格草原，位于伊利诺伊州的莫顿树木园，该树木园坐落在芝加哥以西的莱尔（Lisle）。这种努力在很大程度上仅限于生态学家和那些采取明显纯粹主义种植方法的人；事实上，对于那些提倡使用北美草原野花来替代草坪和其他割草区域的人而言，“园艺”的概念基本上是陌生的。不过，罗伊 · 迪布利克在本土植物运动和家庭花园与用户友好型景观之间建立了联系。而且，他将在卢里花园的故事中成为关键人物。

罗伊的职业生涯始于户外教育，然后转向公园维护。他还开了一个本土植物苗圃，并于 1979 年率先在容器中种植本土植物，尽管一开始的零售生意非常冷清。“它们是人们在路边看到的那种植物。”他回忆道。他的大多数客户都是栖息地恢复主义者，直到“多年生植物开始流行。厄梅范斯韦登公司在东海岸的工作改变了局面。我开始卖出更多松果菊和金光菊，而到20世纪80年代初，我们卖掉的植物数以十万株计”。1991年，他和两位同事在威斯康星州的日内瓦湖附近创办了北风多年生植物农场，它包括一个批发苗圃、一个零售场所以及一个花园建造和维护公司。他的种植设计方法与他对维护重要性的敏锐认识密切相关，而他在种植方案方面所做的一些工作，与这个领域在欧洲的发展有相似之处。

与皮特见面时，凯瑟琳·古斯塔夫松已经为花园制定了基本设计概念，其中包括设计师罗伯特·伊斯雷尔的剧场照明。皮特的种植必须符合将花园划分为两个区域的概念，一个区域是开阔的（“光明广场”），另一个区域有更多乔木种植（“黑暗广场”）。黑暗广场需要能够忍耐随着时间的推移而阴影加深的物种，而光明广场的位置更暴露。在南边，建筑师伦佐·皮亚诺正在设计芝加哥艺术学院的扩建部分。古斯塔夫松描述了“我们如何将花园艺术学院倾斜，令花园后面的一道巨大的树篱［名为“肩树篱”（The Shoulder Hedge）］显得非常戏剧化。我们为皮特搭建了施展身手的舞台”。

古斯塔夫松如是描述皮特的设计：“他一开始还带着十分僵化的东西，然后随着时间的推移，他逐渐放松下来。随着他对芝加哥的了解，一切都更符合背景。我认为，罗伊·迪布利克在这个过程中发挥了重要作用。”迪布利克记得，在“2001年7月，我收到一份传真，说皮特要来。他是和约翰·科克一起来的。当时大约是9·11恐怖袭击事件发生的时候。我记得他如何在工作台上展开一张供卢里花园使用的平面图。我立即看出，这是中西部以前从未有过的东西。我们核对了一遍植物，什么可行，什么不可行。他让我参与植物的生产——28 000株植物，没有其他的替代品。我们把比较容易生产的植物分包了出去，我自己生产了比较难的种类”。

光明广场是卢里花园的主要区域，它是开阔的，日照充足。它距离芝

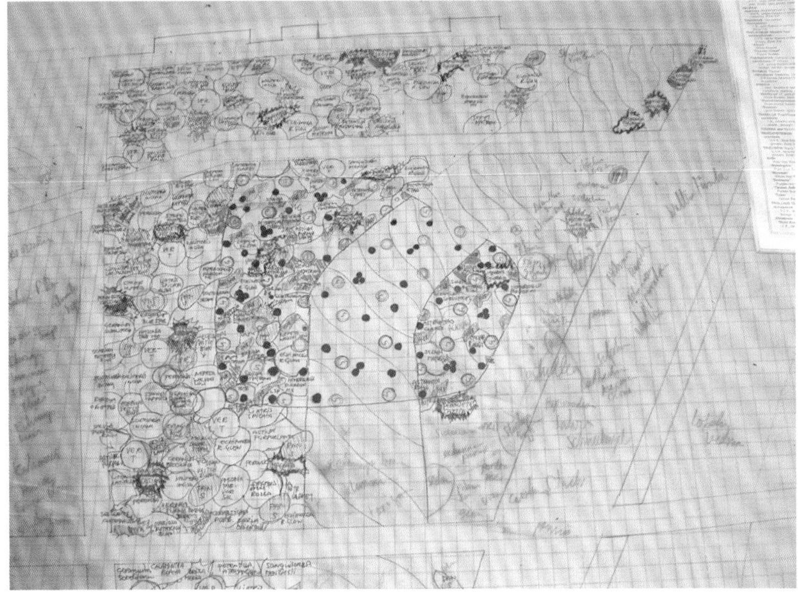

开发中的卢里花园（上图）和一张种植平面图（下图）

第 222 ～ 233 页是这座花园贯穿四季的照片

散布植物

SCATTER PLANTS

+

皮特在 20 世纪 90 年代后期开始开发一种使用散布植物（scatter plants）的方法，并从那时起，将它们用在自己的大部分项目中。有趣的是在彭斯索普，当皮特在 2008 年回来翻新花园时，他将散布植物添加到了他此前还没有自信地使用它们时设计的项目中，包括“鲁宾茨韦格”堆心菊、“金雨”一枝黄花、“阳光”旋覆花和“透明”蓝沼草。

从本质上讲，散布植物是个体植物或者尺寸很小的群植植物，点缀在不同植物种植块之间或者遍布矩阵种植之中，打破种植模式的规律性；它们的分布通常几乎是随机的。它们可能发挥几种很不同的作用：

• 它们可以将种植的一部分与另一部分联系起来，甚至可能在整体上产生强烈的统一感。例如，在威尼斯的处女花园，皮特使用的一些物种多多少少均匀分布在整个区域。

• 它们可以有助于在视觉上定义一个区域，将它与其他区域区分开。

• 它们可以瓦解种植块的笨重感。在特伦特姆，小规模使用的蓝花赝靛和其他几种植物增添了一抹惊喜。

• 在原本被矩阵种植支配的区域，它们可以提供意想不到的视线焦点。散布植物在高线公园发挥了重要的作用，特别是在成片草地的禾草矩阵中增添了趣味。皮特使用了范围很广的种类。

• 散布植物常常提供在花期很明显但之前和之后都不明显的对比色调、飞溅色彩或者独特结构。“鲁宾茨韦格”堆心菊常常发挥这种作用，因为它在 60 ~ 80 厘米高的茎上开着鲜红色的纽扣状花，令它成为受关注的焦点。

• 散布植物还可以用来为一处种植的主要开花观赏季之外的时间——主要是春季或秋季——提供趣味。

• 它们还可以提供长期的结构性趣味，例如弗吉尼亚草灵仙。

• 它们可以用来在短时间内注入醒目的色彩和形态，然后迅速休眠。巴特德里堡（2008）和卢里花园使用了东方罂粟属植物来创造这种效果。球根植物也可以这样使用。

在纽约高线公园用作散布植物的紫松果菊

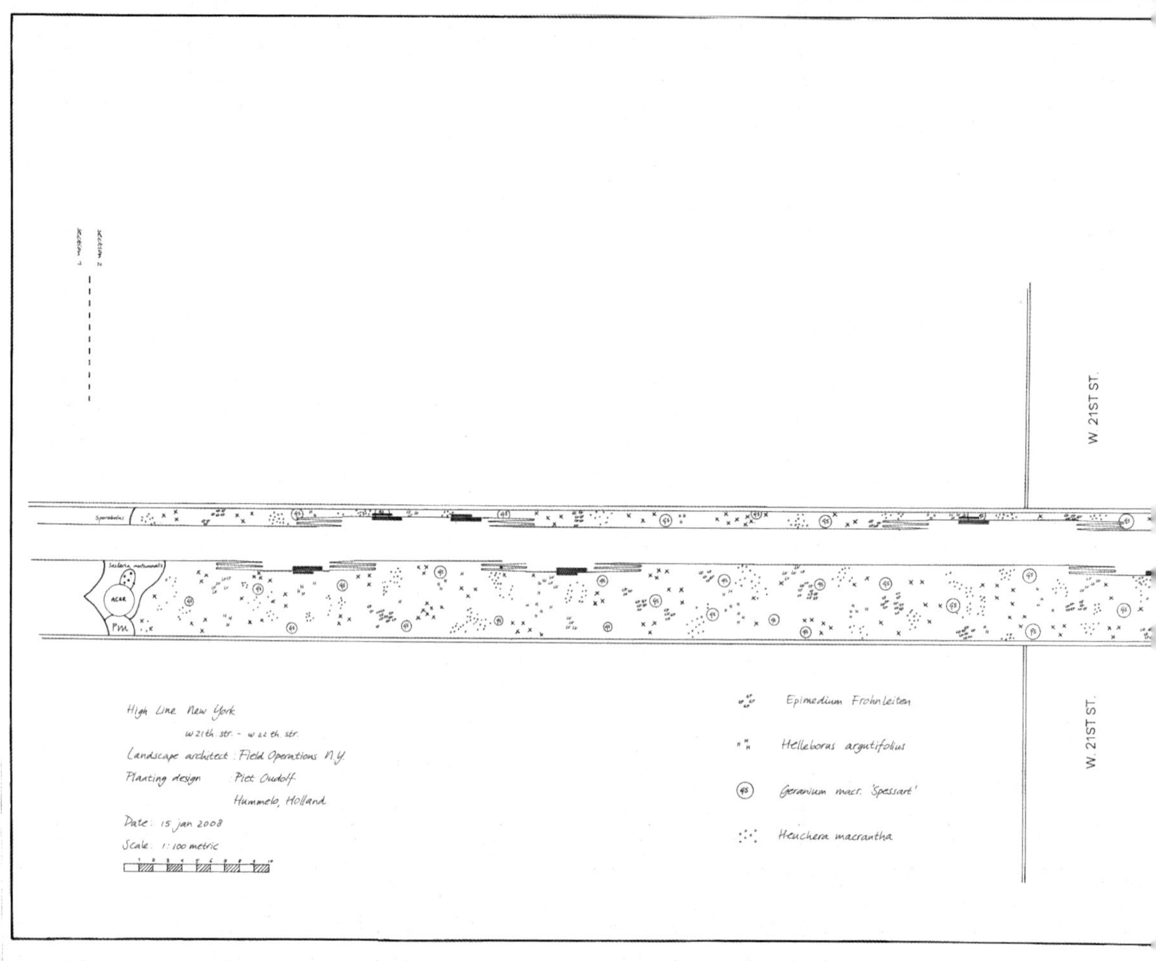
W. 21ST ST.
W. 21ST ST.
High Line New York
w 21th str. - w 22 th. str.
Landscape architect : Field Operations N.Y.
Planting design : Piet Oudolf
Hummelo, Holland
Date: 15 jan 2008
Scale: 1:100 metric
Epimedium Frohnleiten
Helleborus argutifolius
Geranium macr. 'Spessart'
Heuchera macrantha

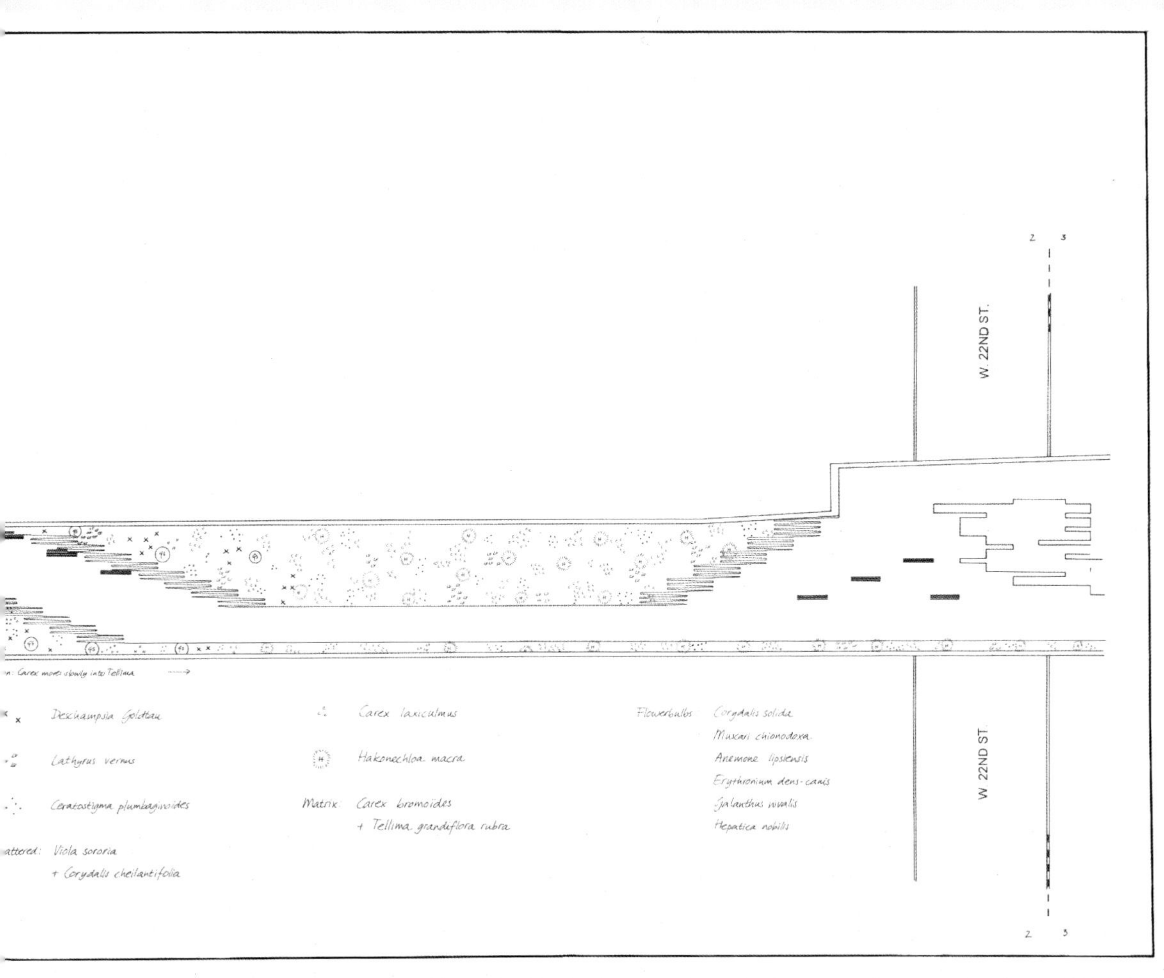
W. 22ND ST.
n: Carex moves slowly into Tellima
Deschampsia Goldtau
Lathyrus vernus
Ceratostigma plumbaginoides
attered: Viola sororia
+ Corydalis cheilantifolia
Carex laxiculmus
Hakonechloa macra
Matrix: Carex bromoides
+ Tellima grandiflora rubra
Flowerbulbs: Corydalis solida
Muscari chionodoxa
Anemone lipsiensis
Erythronium dens-canis
Galanthus nivalis
Hepatica nobilis
W. 22ND ST.

高线公园种植平面图的一部分，展示
了散布植物的分布

加哥市中心的钢铁和玻璃建筑足够远，令它们形成了风景优美的花园背景，而不是充满压迫感地笼罩着它。花园的地面有轻柔的起伏，就像中西部的风景一样，而且皮特的种植加强了高差。虽然生态学家可能会说皮特的花园是对天然北美草原的风格化呈现，但对于这座城市的居民来说，它代表着向一大片广阔又熟悉的自然的逃避。皮特使用的很多植物物种是北美草原的本土物种，这个事实进一步强化了这一点，在花中觅食的蝴蝶和为多年生植物种子穗而来的鸟也一样。

其他几个原因也让卢里花园在种植设计方面具有重要意义。它实际上是一个屋顶花园，所以它的土壤深度在 0.45 米至 1.2 米之间浮动。这一层土壤下面是一层混凝土板，用作下面停车场的屋顶——它是都市区数量日益增长的、完全人造的大型花园的一个例子。这里种植方案的复杂性也说明了景观设计已经走了多远；作为比较，艺术学院有著名设计师丹 · 基利设计的花园，就在几百米之外。相比之下，他的设计显得僵化和平淡。

“鼠尾草河”在瑞典恩雪平梦幻公园的大受欢迎，促使皮特在这里尝试类似的东西。初夏时分，在光明广场的大部分植物开花之前，它的波浪形状和一系列蓝紫色花朵产生令人激动的效果。“我通常不重复，”他说，“但是这一次我重复了。”就吸引大众而言，这可能是正确的做法。

使用北美植物

卢里花园让皮特认识了北美草原植物群。他和其他任何与多年生植物打交道的人当然都知道，在欧洲使用的很多植物实际上都起源于北美。然而，自从这些植物（包括紫菀属、松果菊属、向日葵属和一枝黄花属的许多物种）在一个多世纪前抵达欧洲以来，使用它们的园丁几乎不知道它们在野外生长于何处，也不知道那些栽培中的植物可能只代表了存在于别处的多样形态中的一小部分。罗伊 · 迪布利克回忆起早期带皮特去北美草原栖息地的几次经历：“2002 年，我带皮特去了舒伦伯格草原。他完全着迷

蓝刚草（上图）和“秋日财富”紫菀（下图），
是曾出现在奥多夫设计中的两种北美植物

远程维护

MAINTENCNCE FROM A DISTANCE

+

卢里花园的第一位首席园艺师是科琳·洛科维奇，她回忆道："我第一次见到皮特是在 2005 年，也就是我开始工作几个月后。他（在芝加哥）对花园进行了第一次评估……我很紧张，虽然我们之前用电子邮件联系过……卢里花园有一笔预算可以让他每两年过来做一次评估。"当然，这对公共花园来说是一种罕见的奢侈花销。在 2010 年 3 月接替科琳的珍妮弗·达维特与皮特有密切的工作关系，他们之间的联系大大超出了大部分公共或私人项目的正常程度。其结果是卢里花园的不断发展，但这些发展都是在其设计师的监督之下进行的。

"我们每个月都通过电子邮件沟通；我们还经常用 Skype[1]，"珍妮弗说，"我会给他发送一份花园的平面图，而且我在上面做了一些小笔记来说明这种植物长得不好或者我们想改变它，或者它看起来不错的时间只有两周，诸如此类的事情。他会在图中写下自己的笔记，然后发回给我……有时我也会发送照片。"当皮特亲自过来时，她描述了他们如何一起察看"需要关注的区域，例如设计意图稍微消退或者植物超出本来界限的地方。我喜欢提前发送照片，也许是多张贯穿观赏季的照片……我将这个花园划分成了不同的苗床，这样更便于指明我们需要在什么地方做什么……他会提建议，而我会疯狂做笔记"。

珍妮弗会积极主动地建议用新植物替换那些生长状况不佳的植物。在美国，随着各个苗圃从这个国家极其丰富的自然种质资源中寻求美丽——而且坚韧——的新品种，可以使用的植物调色板正在迅速变化。例如，她回忆起发现"铁蝴蝶"铁鸠菊的过程，这是员工劳拉·扬（Laura Young）提出的建议。"我们很喜欢它，于是，我建议用它替换到处自播的'巧克力'泽兰。两种植物的开

[1] 一款即时通信软件。——编者注

花高度和时间大致相同。皮特批准了我们的选择，但其他时候他可能会拒绝过于常见的东西。罗伊·迪布利克也会就我们可以尝试的植物提出建议，例如‘威奇托山’一枝黄花。它是直立的，开花晚，而且非常耐旱。”

珍妮弗很清楚花园的环境条件会随着时间的流逝而变化，而她和皮特的工作的一部分就是利用这种变化提供的机会。“原始设计的意图被保留下来，但这座花园正在从原始平面图演化和改变，”她指出，“很多我们如今觉得成功的植物如果是一开始种下去的，很可能不会成功。一开始所有植物都被灌溉，而有些植物没能活下来——岩生藿香和香青属物种，它们似乎对过多的水很敏感。我们现在意识到，如果根据它们的需求调整灌溉，这些植物就可以用。这为我们开辟了可以尝试的全新植物调色板。很有趣。”

随着花园的生长，植物当然会自播，这有时会带来问题。一些物种不得不被移除，另一些物种则需要经常摘除枯花，但这也提供了改进的机会。瓶花龙胆就是如此。正如珍妮弗所描述的：“瓶花龙胆是一种华丽的植物，但它需要其他植物的支撑——它会发生严重的倒伏。这种植物一开始是单独大量种植的。它一开始活了下来，但是从美学上讲效果并不好。对于我们来说很幸运的是，如今它在自播，而我们将幼苗移栽到其他地方，让它们获得支撑。”

卢里花园的主管兼首席园艺师珍妮弗·达维特和她的团队

上图：布恩花园
下图：2002 年荷兰国际园艺博览会奥多夫设计的展览区

了。对他而言，这是个情绪非常激动的时刻。看到那么多白花赝靛全部开花，这给他留下了非常深刻的印象。在那之后，他对卢里花园中的种植做出了很多改变以加入更多本土植物，例如赝靛和刺芹。他在秋天带着安雅又来了，我们去了芝加哥南边的马卡姆草原。成片的蛇鞭菊在开花。”

从那时起，越来越多的北美植物开始出现在皮特的设计中。欧洲的其他设计师和园丁以大致相同的时间表开始了类似的发现，或者我们也许应该说重新发现，因为在 20 世纪初，欧洲人对这些植物也有类似的兴趣。曾在市场上出售但从未流行过，并因此基本上在二战后从苗圃贸易中消失的很多物种，甚至整个属例如赝靛属和铁鸠菊属，此时正在被苗圃重新种植并积极推广。大约在这个时候，人们开始对北美草原种植感兴趣，将它作为一种适合城市地区的低维护且对野生动物友好的种植风格，特别是在英格兰和德国。至关重要的是，北美人也开始重新发现他们自己植物群的美和价值。卢里花园既是这场运动的刺激因素，也是它的反映。“它真的震撼了芝加哥。”罗伊说，“当它诞生时，特别是很多景观设计师并不是很接受。他们不知道如何应对它，但现在所有人都喜欢它，而且很多人认为它是这座城市最美的地方。”

从限制中诞生创造性解决方案

随着职业生涯的发展，设计师往往会得到规模更大的工作任务。如果是公共项目的话，他们的作品就会被越来越多的人欣赏。不利的一面是，大型项目无法提供试验想法的机会，而这些想法也许能够很好地应用在家庭花园中或者可用植物种类较少时。在承接卢里花园项目期间，皮特设计的一个中型花园让他有机会看看自己可以在受限场地上做些什么；它是为建筑师皮特 · 布恩设计的一个家庭花园。“他给了我完全的自由，”皮特说，“但我想让设计符合他的建筑风格，这种风格非常强大，非常个人化。它大胆而现代，但可以清晰地看出荷兰根源。”场地位于开阔乡村的边缘。多年生植物的使用和围绕长方形水池的一个居中规则式鼠尾粟大型种植块，有助于将花园融入周围环境。布恩后来继续委托皮特为他设计的很多房子建造花园。

大约在同一时间，鹿特丹风湿病疗养院带来了另一个不算大但像宝石一样珍贵的种植机会，是一个疗愈花园。皮特为它设计了宁静的环境，并且有大量可以坐下休息的地方。其核心是易于维护和强大设计相结合的理念。同年，十年一度的荷兰国际园艺博览会在哈勒默梅尔举办。皮特与海因·科宁根和杰奎琳·范德克洛特（在景观设计师尼克·罗森的总体指导下）合作制定了展览场地周围关键区域的总体规划：入口、湖畔区域，以及林地区域的地面层。设计简报表明，这是为了展示多年生植物和其他植物如何能够在漫长的生长季中以最少的维护保持良好的外观。皮特分别为全日照和轻度遮阴环境各做了一个花境，它们在皮特承接纽约炮台公园项目的过程中发挥了作用。

皮特在 2002 年为卢森堡一家银行的会议中心建造的花园拥有大得多的规模，该会议中心位于一座前农场的旧农舍中。它拥有广阔且郁郁葱葱的田园风光。当皮特接受委托时，这座花园的开发工作已经在深度进行之中了——英国夫妇保罗·麦克布赖德和保利娜·麦克布赖德自 1998 年以来一直被聘为它的园丁。他们的重点是种植花境和形如窗帘的带状树篱。皮特被请来创造从花园过渡到远处景观的种植。一个巨大的花境是最后的答案。最终完成后，它长约 150 米，平均宽度约 10 米，总面积约有半公顷。花境的巨大尺寸令人担心日后的维护——尤其是除草。然而，皮特的精心设计确保“这种类型的种植只需要传统花园 35% 的工作量……如果用松树皮覆盖地面，工作量还可以降低。”麦克布赖德赞同他的看法，而且在几年后回到英国时，他们创造了规模更大的一系列花境作为花园，如今被他们用作商业经营场地，名叫苏塞克斯草原（Sussex Prairies）。

二十年的进展

2002 年，许默洛的苗圃迎来了成立 20 周年的纪念日。住在附近的几家人——在乡下意味着大约 6 家——按照当地举办婚礼或者其他特殊活动的习俗，在前一天晚上装饰了车道的入口。皮特此时不仅已经是功成名就的设计师，也早已成为许默洛的真正居民。大多数取得类似成功的人，此时都很可能在经营自己的办公室了，大概会在最近的大城镇设立一间工作室。

然而，皮特从未选择建立一支专业的员工团队。他的策略是在有限的时间内雇用人员，并且只是为特定项目提供帮助。“有时我会忍不住想招人，但是长期使用人才在城市里会容易得多。大多数年轻人有繁忙的社交生活，而在许默洛我不可能提供这些东西……我害怕雇到错的人，而且我不是那种想雇用别人然后再把他们开掉的人。”他承认。

办公室的缺席也呼应了罗茜·阿特金斯对皮特的分析，罗茜说他首先是艺术家，其次才是设计师。众所周知，彼得·保罗·鲁本斯有助手为他画画，而且很多现代雕塑家雇用其他人为他们建造、雕刻或焊接——但实际上大多数艺术家现在不这样做，无法这样做，或者将来也不会这样做。创作是个人的事情，不能外包。皮特非常乐意与负责项目不同方面的其他人合作和共同工作，而且他偶尔会雇用人员计算所需植物的数量、采购植物、评估项目条件，在现场帮忙布置植物——但他不能将设计过程委托给别人，就像作曲家不能委托别人作曲一样。罗茜指出，“他没有团队。这是一种独特的工作方式。他在特定类型的合作中表现得很好，但他不想管理团队。他不想对他们负责。他从没想过经营一个设计工作室”。罗茜说她曾参与皮特和其他设计师的对话，当他们发现皮特没有经营一家公司的义务时，都露出了“怅然若失”的表情。

种植设计是一项非常独特的技能，与使用无生命材料的设计有很大不

本页、右页和第 248 ~ 249 页图：位于爱尔兰科克郡西科克的一座私人花园的 5 个场景

同。皮特在大型公共项目中的成功，部分在于他愿意作为团队的一员工作——事实上在2000年之后，随着项目变得越来越复杂，他不得不学会依靠其他人。实际上，设计职业人士和为创意项目提供技术背景的人都必须这样工作，这一点比以往任何时候都更加重要。“我喜欢和建筑师一起工作，很讲究合作。”他说，“我的工作仍然是我的工作，但它越来越多地和其他人的工作一起发生。例如，景观设计师设计基础设施和硬质景观——他们做的事是我做的事的一部分，而我做的事也是他们做的事的一部分。”

对于荷兰的项目，皮特说：“在这里，我有一群喜欢跟他们合作的景观设计师。我可以让他们加入我们，我们做总体规划，他们做技术方面的东西。我会尽可能晚地做出种植平面图以适应变化，因为现实情况总是和一开始预想的不一样。但是，如果你和一个团队一起工作，比如在做高线公园项目时和詹姆斯·科纳事务所合作的时候，他们甚至在完成自己的设计之前就想要你的设计概念。所以你不得不做三四次更改，必须重做很多东西，甚至尽管它们可能基于最初的想法。”

皮特通常在任何时候都有大约20个处于不同阶段的工作，其中一半是暂时搁置的。包括几乎所有公共项目在内，有些工作从最初的概念到完成需要数年时间——其中的一些长达5年甚至10年。据皮特估计，他现在每年完成大约8个设计。和在设计行业取得成功的任何人一样，他还不得不学会如何拒绝项目。皮特一直很谨慎地接受委托。罗茜·阿特金斯记得，有一回，有个女人对他说：“来做我的花园吧。周末过来。带上你的家人。”她一直纠缠皮特，于是，最后他说：“我必须告诉你，我的朋友足够多了，谢谢。”

炮台公园

2002年，皮特接到炮台公园管理委员会的洽谈。这是一个非营利性协会，致力于保护和提升纽约市最具历史意义的遗址之一，也是这座城市

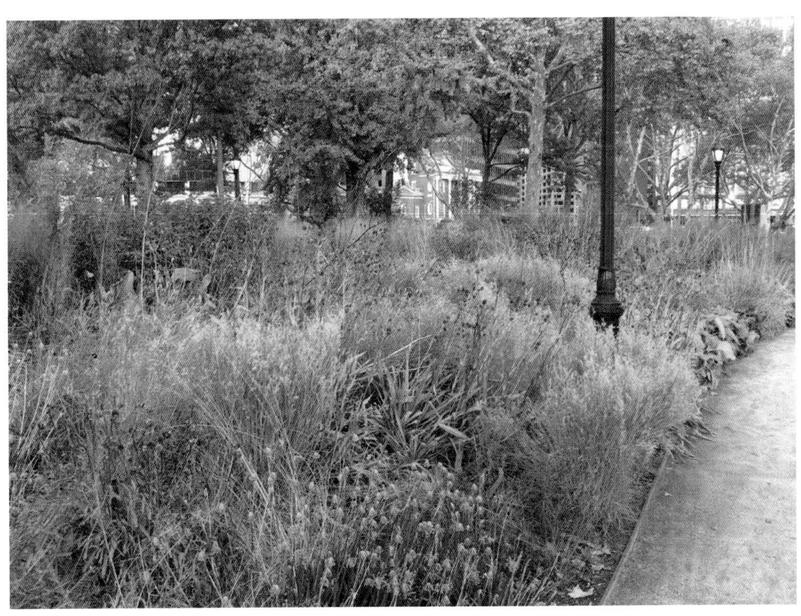

本页及 252 ~ 259 页：曼哈顿岛最南端炮台公园的景色

持续使用的最古老的公共开放空间之一。1623年，荷兰殖民者在曼哈顿最南端安装了大炮，以保护当时的新阿姆斯特丹镇区。然而，到20世纪末时，尤其是在经历了20世纪70年代的经济衰退之后，这座占地25英亩（约10万平方米）的公园已经失去了活力。委员会的成立是为了与纽约市公园管理局合作，完成对它的重建和更新。

炮台公园对皮特而言是一个不同寻常的项目，因为这项工作的基础是一座已经建成且有传统式景观的公园。它意味着与一群热忱的业余爱好者紧密合作，这些人投入自己的时间还有大量的金钱，为了公共利益去组织、筹款、计划和实现一些目标。委员会的负责人是沃里·普赖斯，纽约社区规划领域的一位引领者，而且“从18岁起就接受伯德·约翰逊夫人（Lady Bird Johnson）的指导”。约翰逊夫人是20世纪60年代和70年代最有影响力的本土植物推广者之一。[1] 志愿者也协助公园的管理，还会帮助皮特和市政工人种植物。景观设计公司萨拉托加事务所负责硬质景观。开发工程的第一阶段是纪念花园，作为献给2001年9月11日悲剧的受害者及家属的纪念场所，于2003年完工。另一个阶段称为炮台树丛，名字来自这里的树，它完工于2005年。就像通常会发生的那样，通过一份工作建立的联系会产生更多工作——参与炮台公园项目为皮特在纽约带来了更多工作。

沃里·普赖斯是在皮特被委托与GGN一起接手卢里花园之后开始接洽他的。“我登上一个航班飞过去见他，”她说，“我去了（在许默洛的）花园，见到了皮特和安雅。他的手让我吃惊——他有一双很大的手。他并不害羞，只是性格有些内向，不过一旦双手伸进土壤，他就毫无保留。他给我看了许多植物，有很多植物是他自己培育的品种。”皮特和沃里一起度过了很长时间，这是建立个人关系的重要一步，并且将是一个显然会持续多年的项目的基础，还能让皮特了解她和委员会想要的是什么。沃里回忆起他们如何“去了克罗勒－穆勒博物馆[2]，部分目的是看看他不做什么，但也是为了判断我对事物的审美反应。我们还去了恩雪平，看到他设计的另一个公共花园，这很重要”。沃里还在2002年去看了荷兰国际园艺博览会，她认为皮特在那里设计的其中一个花园为纽约市炮台树丛的外观提供了灵感。

鉴于炮台公园毗邻世贸中心的位置和作为纪念场所的性质，植物的象征价值在它的游览指南和解说材料中得到了极大的强调。它鼓励参观者将有生命的植物视为更新和重生的象征。在2012年10月29日飓风“桑迪”携高达4米的风暴潮抵达后，这座公园和委员会也不得不迎来自己的重生。公园完全被淹没，而第二周的另一场风暴进一步破坏了景观。大多数植物在洪水中幸存下来，但很多记录在委员会办公室被淹时丢失了。

炮台公园吸引了很多人来到这里，包括纽约人和途经这里前往史坦顿岛渡轮和观览自由女神像的游客。由于他们当中的很多人想要知道植物的名字，委员会委托制作了一本标明植物位置并提供重要信息的游览手册。它也是全世界最先印刷在防撕裂、防风雨的合成纸上的游览指南。

皮特在纽约承接的项目最终让他的儿子彼得相信，自己的父亲不只是在职业生涯中取得了相当大的成功，而且还产生了真正的影响。“现在一切都清楚了。”他告诉我，“回顾从前，可以看到父亲多年来为苗圃做的所有工作。他有其他设计师没有的知识……如果你既有种植植物的经验，又有对优秀设计的感觉，你就会出类拔萃。这就是发生在我父亲身上的事。”他记得，“直到20世纪90年代之前，他在夏天赚钱，但到了冬天就会把赚到的钱用完。有时候家里压力很大。当你看到那些小汽车停在花园旁边的路上时，你会觉得植物肯定卖得很好，但是到头来你总是投入很多钱才能让生意保持运转。过去的十年帮了大忙”。

到21世纪初，皮特无疑已经功成名就。但不可避免的是，“开拓时代”的那种特别的感觉一去不复返了。“那时候，许默洛给人一种特别的感觉，”彼得回忆道，“你可以在那里买到别处买不到的植物。总是有一群很特别的人。这一切都在2000年改变了，所有人都开始卖同样的植物。那种特别的感觉再也没有回来——它成了主流。”

传播想法

Spreading Ideas

园丁往往是一群慷慨的人。在拜访某位园艺朋友或同行时，他们通常会用一把铁锹插入土地并将某种多年生植物分株，或者从容器里摇晃出一些种子装进信封里让你带走。真正的园丁很乐意交换植物和想法。皮特非常符合这一点。乔伊斯·于斯曼记得，“很多英格兰苗圃主会到许默洛来，离开时带着很多皮特的免费植物——皮特和安雅的个性就是慷慨”。

然而，皮特更进一步，将慷慨的作风延伸到了他的平面图。很多花园和景观职业人士几乎被皮特给予他们的自由使用权震惊了。在我几乎是第一次见到他的时候，我在离开时带走了一个装满的文件夹。这里面的秘诀当然在于，每一张平面图在他看来都只不过是一张即时快照，而他从不重复自己，所以他永远不会再次使用它们。正如炮台公园的沃里·普赖斯所记录的，“我们为花园做了一本游览手册，皮特给了我他的一些平面图用在里面。我问他，是不是真的可以把这些平面图复制在手册里。我指出人们可能会把它们复制出来自己用。他的回答是，‘我喜欢把它们送给别人。我总是有新的想法’”。

和行业内的很多人一样，皮特经常举办园艺讲座，也以这种方式传播自己的想法。作为一名优秀的摄影师，他的讲座活动既是一种阐述，也是视觉盛宴。他还在哈佛大学设计研究生院教授景观设计课程，并在美国、英国、奥地利的很多地方举办过工作坊，还有一次是在莫斯科。我们一起在许默洛举办了很多工作坊。2012 年，他被任命为谢菲尔德大学景观系的客座教授。因此，他还定期在那里授课。

PLANTING THE NATURAL GARDEN
Piet Oudolf & Henk Gerritsen
TIMBER PRESS
DROOM PLANTEN
Piet Oudolf & Henk Gerritsen
JARDINS NATURALISTES
Les meilleures plantes vivaces
Piet Oudolf
Henk Gerritsen
Noel Kingsbury
blv
Oudolf
Gerritsen
GÄRTEN INSPIRIERT VON DER NATUR
УДОЛЬФ
ХУММЕЛО
PIET OUDOLF & NOEL KINGSBURY
PLANTATIONS : NOUVELLES PERSPECTIVES
PLANTING THE NATURAL GARDEN
자연정원을 위한 꿈의 식물
designing with plants
piet oudolf
DREAM PLANTS FOR THE NATURAL GARDEN
Piet Oudolf & Henk Gerritsen
LL
DREAM PLANTS FOR THE NATURAL GARDEN
DRÖMPLANTOR
Piet Oudolf · Henk Gerritsen
PIET OUDOLF
HENK GERRITSEN
DRØMMEPLANTER
Aschehoug
Piet Oudolf & Noel Kingsbury
Planten voor morgen
TERRA
GARDENS OF THE HIGH LINE
ELEVATING THE NATURE OF MODERN LANDSCAPES
Piet Oudolf
Rick Darke
Piet Oudolf
Landscapes in Landscapes

2002 年，奥多夫和沃里·普赖斯及首席园丁西格丽德·格雷在纽约市炮台公园的纪念花园（上图）；以及花园中的一处景色（下图）

本页 ~269 页：斯塔福德郡特伦特姆庄园的花园开发工程的早期阶段

独一无二的特质

UNIQUE ATTRIBUTES

为什么皮特作为设计师设计的作品能获得如此高的赞誉？尝试总结是什么令他的设计如此独特，也许可以得出三个主要因素：

+

- 他的植物调色板中的物种和栽培品种的可靠性和长寿。
- 对植物结构的关注，植物结构不仅在夏季，而且在秋季和冬季的大部分时间都可以提供趣味，将他的植物备选库扩展到了传统上依赖的常绿植物之外。
- 植物的空间配置是和谐、连贯和清晰的，但也足够复杂以保持吸引力。

植物的寿命和可靠性

公共种植必须考虑到用于给定空间的物种的耐久性——私人客户当然也喜欢使用长寿植物的设计。皮特的经验，在某种程度上还有他的直觉，帮助他积累了各种环境条件下的植物寿命相关数据。他调色板中的植物拥有相当稳定可靠的长期表现，它们的反复成功应用，为他作为设计师的信誉作出了很大贡献。对这些技术和客观考虑因素的掌握，令他的创造性愿景得以蓬勃发展。

园艺种植者和家庭园丁常常很快就将植物的死亡归咎于不理想的条件或者食草动物。这些因素当然会起作用，但毫无疑问的是，相当多的花园“多年生植物”本来就有寿命短的基本遗传倾向。为合适的环境选择植物很重要，而且值得注意的是，环境压力、病害和高肥力会缩短植物的寿命。

植物的结构

如果摄影师为某个奥多夫种植设计作品拍摄一张黑白照片，它仍然会显示出很多特色。这是因为皮特总是首先关注植物的结构方面，而不是它们花的颜色。他不是第一个这样做的人，但也许他是第一个对多年生植物系统性地这样做的人。对于不同的气候区，结构的基本语汇会有明显的差异。因此，对它的一般性讨论不能适用于所有情况。皮特会建议园丁和设计师查看他们所在区域生长的所有可靠植物，并设计属于自己的结构分类。一旦决定了植物结构的语言，它几乎可以成为一套客观标准，用于确定在任何既定情况下种植什么。

皮特一直在结构植物（structure plants）和填充植物（filler plants）之间做出重要而独特的区分，后者的作用是提供短期色彩。结构植物在他的种植设计中通常占据大约 70% 的比例。

结构的另一个方面也是皮特一直强调的，即一种植物的“好”结构能持续多久的问题。在 2013 年 2 月的《园艺画报》杂志中，他提供了自己的“百种必备植物”清单。在这个清单里，他提供了一些有用的分类：

短期填充植物。它们的观赏性持续不到 3 个月，或者有漂亮的枝叶但没有真正的结构。有些种类在花期过后外表凌乱。很多种类主要用于填补当年较早时候的空隙。

中长期植物。由于枝叶结构和种子穗以及花，这些物种的观赏趣味可以保持至少 3 个月。

荆芥状藿香，一种因其独特的结构受到奥多夫青睐的植物

长期植物。这些包括多年生植物、禾草和蕨类。由于良好的枝叶结构和种子穗以及花，它们的观赏性持续至少 9 个月。

上图："忧郁蓝调"玉簪的宽阔叶片
下图：老鹳草属物种 *Geranium × oxonianum* f. *thurstonianum* 精致的花

空间配置

这是皮特的作品中最难解释的部分，艺术家的眼光在这个问题上消除了对规则或公式的任何需求。正如皮特自己所说："其他人使用和我一样的植物，但他们的花园看上去不像我的。"选择植物、将它们放在一起以及将它们分布在空间中，这些直觉性的标准是无法用图表教授和说明的。

如果希望学习皮特的平面图和种植背后的方法论，研究下列因素可能具有指导意义：

- 分类群的总数（物种，栽培品种）
- 属的数量（一些属可能存在多个物种或种类）
- 分类群在整个种植中的分布
- 分类群在较小的种植单元中的分布
- 植物分类群的并列
- 特定种类在种植中的位置（例如前部、中部、后部）
- 重复出现的组合
- 特定植物各个株丛之间的联系
- 结构等级序列以及影响较小植物的作用（即区域之间较低层次的联系）

除了结构，皮特作品的第二个最重要的"标志"也许是重复。它创造了一种连贯感，它有助于让种植显得清晰，而且它可以用来创造一种韵律感；这三个元素共同创造了视觉上的和谐。拥有足够多的结构差异和范围足够广泛的结构（即植物分类群），一座花园就会拥有对比、趣味和复杂性。当和谐与复杂达到平衡，皮特就实现了他所要创造的东西。

特伦特姆庄园：一座英格兰迷宫

2000 年，皮特在切尔西遇到了英格兰景观设计师汤姆·斯图尔特-史密斯，当时汤姆正在建造一座由一家法国葡萄酒公司赞助的花园。“我们作为朋友见过几次面，后来有一天他找到我，让我去英格兰的一个地方给他帮忙，就是特伦特姆”，皮特回忆道。一次非常成功的合作就这样诞生了，它是皮特工作方法的典型代表，皮特进行了足够的讨论来确保愿景的兼容性和连贯的设计。但除此之外，他负责的过程只能由他自己完成。“我在一个皮特三明治里工作，”汤姆回忆道，“他在做的项目位于我正在做的项目的两边。”特伦特姆庄园是一个巨大的花园，由 18 世纪著名景观设计师兰斯洛特·布朗（“能人布朗”）设计。它的核心是一座长 1 英里（约 1.6 公里）的湖泊，旨在赋予场地一种自然主义效果。然而这里在维多利亚时代又建造了一个非常规整的意大利式花园。

特伦特姆庄园如今作为高端旅游景点运营，包括购物设施、餐厅和一系列儿童活动区。在令该业务与其历史遗产和环境相符这方面，这里的花园发挥了宝贵的作用。汤姆对华丽的意大利布局进行重新种植，使用了一系列在很多方面与皮特所用的种类非常相似的多年生植物，令旧设计焕发出新生命。皮特回忆起“与开发商的会面——那是经济形势尚好的时候，他规划了各种各样的景点”。皮特在这里的主要项目完成于 2004 年，包括种植半公顷多（5 500 平方米）的多年生植物，名为“花迷宫”。这是他形状非常不规则且充满沉浸感的种植之一。整体效果是一片独特的、风格化的草地，以多种兰沼草品种为基础，并添加有耐水植物以应对偶尔的洪水。正如他所解释的那样，这在很大程度上是“环境反应型”种植。

许默洛花园中的变化

在 21 世纪头十年中期，许默洛的前花园开始发生变化。到 2005 年时，种有绵毛水苏的椭圆苗床和所有草坪草皮都被移除，整个区域都种植

本页和第 276~284 页：许默洛秋色

了多年生植物。洪水仍然偶有发生，并导致柱状红豆杉——对排水不良非常敏感——的生长状况持续恶化。它们也被一个接一个地移除了。当游客抵达穿过草坪的对角线小径的尽头时，他们面前是一片绵延 50 米的多年生植物和禾草，这些植物背后是窗帘般的红豆杉绿篱。这片多年生种植基本保持了下来。虽然这里乍一看像是一片无法通行的大规模种植，但仔细探索就能找到一个通行网络，由三条互相连接的圆形砖砌小径组成。它们带着来访者在经过精心规划的花园中漫步，让他们从多个角度观看花园：回望他们进来的地方，从不同角度看植物，以及在不同的前景和背景中看同一棵植物。这些小径在某种程度上是社交空间；它们不仅将人们带回到三个圆圈之间的两个交叉点，而且它们还足够窄，迫使人们相遇时站在路边给对方让路。因此，这会在潜意识中鼓励人们和其他参观花园的人交谈。对于参观团体，这是理想的安排，因为他们可以彼此见面并交流笔记、经验和植物名称。

苗圃区的后部也发生了变化。苗圃仍然很受来访者的青睐，但为皮特的设计工作生产植物的压力减少了，因为越来越多的批发供应商开始储备他的调色板所需的植物。皮特的设计工作也开始占用更多时间，留给植物选择和育种的机会越来越少。苗圃行业的其他人，例如库恩·扬森和汉斯·克拉默，都已经开始提供更广泛和更新的植物种类。随着母株苗床的重要性减弱，而且皮特需要更多办公空间，他和安雅决定将这个区域的一部分改建成一栋新建筑。

建筑师海因·汤姆森受委托设计一栋两层楼的建筑，其中包括供皮特工作的宽敞空间和为客人提供的住宿。它在 2008 年 4 月完工，简朴的立方体形态和浅色砖墙极具现代感，与传统农舍形成了鲜明对比。皮特在它周围种植了一片新区域，并将其称为“办公室花园”。它的形式明显比许默洛的其他种植简单得多。大油芒占据了主导地位，还有一些“卡尔·弗尔斯特”尖拂子茅和火炬树，后者的鲜红秋叶在浅色禾草的映衬下格外壮观。东侧种植了“透明”兰沼草，其叶片与其他禾草形成对比，还有一些

块状种植
BLOCK PLANTING

＋

正如委托皮特在恩雪平建造梦幻公园的斯特凡·马特松所指出的那样，梦幻公园的种植分为一系列大小基本相同的块状区域，每个种植块里都有同一品种的多棵植株。每个种植块里的植物密度因物种而异。皮特计算出的每平方米植物数量的指南包含在许默洛苗圃目录中，这使它成为一份非常有用的文件。这种块状种植风格可以视为普通花园苗床的放大，每种植株都成倍增加并变成一大丛。梦幻公园让游客有机会在大片大片的多年生植物之中漫步，迷失在花和枝叶组成的迷宫般的世界中。斯特凡·马特松说，他特别喜欢梦幻公园“荒野和栽培的结合。令我印象深刻的是，它不是野生的，但也不是普通的种植——它是两者的共生”。

当下的时代精神非常重视“混杂”，不过正如斯特凡所赞同的那样，块状种植不应该被放弃。它的主要优点是非常易于管理。它看上去立刻令人感到非常清晰，在自然常常被赋予较低地位的地区，这对于公众来说也是一个重要因素。它还相当容易设计。皮特还在继续使用它，要么与其他种植方案紧密结合，要么与复杂的苗床一起使用。

多年来，皮特的一些最受喜爱的植物利用了斯特凡所描述的“在迷宫中迷失自我”的感觉。在这些花园里，人们被吸引到植物包围来访者的区域，它们在这里创造出一个独立的植物世界。这种令人愉悦的隔离感部分归功于没有使用许多传统的花园设施——例如明确的苗床边线和大面积草坪。彭斯索普和特伦特姆在令人沉浸这一点上有很多相似的方面。蜿蜒的小径带着你穿过种植，而植物的高度被用来屏蔽外界的干扰。例如，彭斯索普的入口使用高大的多年生植物，营造出一种门廊效果。卢里花园使用中短高度的植物，但它的地形平缓起伏，创造出自成一体且充满亲密氛围感的景观效果。

以分析的眼光观看这些花园中种植块的分布，可以明显看出它们通过重复创造了一种统一感，但这种重复是几乎不留痕迹就完成的。刚好存在足够多的重复，持续地提醒我们之前在附近的某处见过这种特定的植物。皮特通过使用数量相当多的植物种类来管理这一点，比大多数设计师在同等规模花园中使用的植物种类多得多。特伦特姆有属于 70 个属的 120 种植物，而巴特德里堡使用了 44 个属的 77 种植物；大多数规模较大的种植介于两者之间。实际上，如果清点一下种植块的出现频率，会发现数字并不大。例如，在卢里花园光明广场占地 1 500 平方米的种植面积上，“许默洛”药水苏和“玫红”药水苏一共有 8 丛，“紫烟”赝靛是 9 丛。在彭斯索普总计 4 500 平方米的种植面积中，开花多年生植物种植块的频率与之类似，几乎所有植物出现的次数都少于 10 次，而且很多种类少于 5 次。物种和栽培品种的巨大范围创造出了真正丰富的观赏体验，而正如我们所见，我们的感官并没有被过于丰富的不同视觉刺激压倒。

马克西米利安公园的块状种植，位于德国哈姆

最受人喜爱的经典植物斑茎泽兰，但除此之外没有别的什么了。在花园和新工作室之间，针茅属植物从铺装缝隙中长了出来。

不断发展的想法

2006年，皮特和我一起出版了我们的第二本书《种植设计：时空中的花园》，由荷兰特拉出版社出版，并由廷贝尔出版社（Timber Press）同时推出英文版。这本书是联合制作的，同时包含了我的想法和皮特的想法。我们选择“时空”这个非常笼统的主题，是因为在我们看来，除了非常静态的树木修剪造型花园，每个花园都深受时间的影响。花园会发生变化，最初的布局或设计也会随之改变，所以我们想以随着岁月流逝而发生的事为背景探索花园设计。

这本书首先着眼于人类对自然的各种反应，特别是园丁如何反应，如何将日益增长的生态意识作为灵感和信息的来源。作为这种审视的一部分，我们提到了一系列知识，这些知识已经证明可以为园丁提供强大的洞察力，即所谓的CSR理论（竞争型/胁迫耐受型/杂草型）。对自然界植物生存策略的这种看待方式，是20世纪80年代谢菲尔德大学的一个由J. 菲利普·格里姆领导的团队开发的。和德国的许多从业者一样，我发现它非常有见地。尽管对于我们这些在温和潮湿的欧洲西北部（包括荷兰）从事园艺活动的人来说，它的用处可能没那么大，但这里的自然条件允许我们以一种在中欧或北美大部分地区几乎无法想象的方式肆意混合和搭配植物。

研究时间如何改变花园很有趣。这是生态学家称之为“演替”过程的一个方面，需要放在植物寿命的背景中讨论。最后，我们当然必须提供一些种植实践和维护的技巧。

维护问题可能非常令人困扰。皮特的年轻合作伙伴汤姆·德维特陪他回到了他多年前创造的一些花园。“情况并不总是像它们本可以做到的那样好，”他向我报告，“维护有时麻烦不断。总是会有入侵植物的问题，但皮特始终向前看。”发现自己的创作被忽视或者管理不善，这种情况是从事种植设计的缺点之一。这是一种与其他所有创意职业在本质上不同的情况。我们的作品几乎不可避免地被认为是暂时性的东西。皮特对这种情况的反应似乎很冷淡。我曾经和他一起去过养护措施不足的地方，他会表现出明显的失望，但与此同时，这似乎并没有让他气馁。他已经学会了控制自己对事物的情绪反应，而不是与自己职业的本质抗争：植物并不总是按照我们想要的方式生长，客户做出改变，风暴吹来，洪水上升，霜冻冻结，杂草生长。所有的园丁，无论是职业的还是业余的，都必须接受并应对这些不受欢迎的变化。品质不佳或者不当维护当然令人讨厌和失望，但最终你会发现它不可避免，就像我们无法控制的另一个因素——天气一样。

高线公园

有时，一个景观项目的实现永远改变了整个城市的景观设计。很多时候，这些革命性的项目没有得到它们应有的关注，或者只是得到了一些职业人士的钦佩，却不被社会公众所青睐。位于德国杜伊斯堡－梅德里希（Duisburg-Meiderich）的北杜伊斯堡景观公园就是其中一个。它是对一座庞大炼钢厂——德国工业遗产的一处遗迹——的纪念，并被来访的景观职业人士视为近乎圣地的存在。苏黎世的 MFO 公园是一座覆盖着攀缘植物的庞大钢制凉棚，它同样令人印象深刻，但相对而言少有人知。

纽约的高线公园在公众和职业人士中都取得了巨大的成功。它还激发了全世界对创造类似项目的兴趣。它的建设时机恰到好处，因为这座城市正在开始经历房地产投资的增长，这将新的开发项目推向了曼哈顿西区远端，并使得穿过城镇前工业区的绿地成为对居住区开发有吸引力的属性。它还利用了千禧年以来一直弥漫在这座城市中的对园艺和绿化的兴趣。

一种也许有用的思路是，高线公园拥有两个设计上的“父母”。一个是绿荫步道，它是沿着法国巴黎的一条旧铁道延伸的高架人行道，长 4.7 公

收藏品 II

Collecting II

皮特办公室的书架上摆满了东西，不只是书、CD 和苗圃产品目录，还有小雕像。它们通常高约 20 厘米，看起来就像是从连环画或者日本漫画故事里直接走出来的一样，又好像来自某个粗犷的市中心社区被涂鸦覆盖的墙壁。这些是他收藏的“设计师玩具”（designer toys），有时又被称为“都市搪胶玩具”（urban vinyl）。作为收藏品，它们是从街头艺术的丰富想象力中新鲜出炉的奇怪角色。

这类人偶最早由香港艺术家刘建文在 20 世纪 90 年代末期首次制作，很快流行起来，现在可以买到的形象有数百个。皮特说，自己“以前在哈勒姆收集铁皮玩具，但搬家时不得不卖掉大部分玩具，为苗圃筹集资金。后来，我在美国旅行，会去那些卖漫画书的小店，那里也售卖按书中角色形象生产的玩具。在美国洛杉矶，我拜访了罗伯特·伊斯雷尔，后来我们一起做卢里花园时，他带我去了一些艺术家出售自己作品的商店，作品包括这些玩具”。如今每次旅行时，皮特都会寻找更多玩具，将它们纳入自己的收藏。“我喜欢它们的装饰性和当代感——它们就像街头艺术，是城市文化的一部分。”他说。

除了刘建文的作品，皮特收藏的人偶还有其他以下来源：KAWS，纽约的一位艺术家和设计师；盖瑞·贝斯曼，插画师和动画师；以及位于原宿的公司“赏金猎人”，原宿是东京一个以青年文化和时尚而闻名的街区。

S.F.B.B.
(SAMPLE)

上图：秋天的高线公园最南端
下图：高线之友的代表访问许默洛

里，由景观设计师雅克·韦尔热利设计，建于1993年。另一个是位于德国柏林的南地公园，占地18公顷（18万平方米），1999年作为公共空间开放，而且它的开放很有象征意义。它的前身是一个铁路编组场，最终在1993年废弃，然后不久就被快速生长的桦树和其他自发出现的先锋植被覆盖。这种情况创造了工业遗迹和自然的结合，并被很多人认为非常有吸引力。实际上，它是德国一系列后工业景观公园中最受关注的。许多其他拥有凌乱和崩坏工业遗产的国家，像英国一样选择用推土机将它们推平然后在上面播种禾草，而德国则采取了不一样的方法。生态学家很早就意识到渗入这些地点的植被和野生动物具有很大的价值。很多景观设计师和学者也对此产生了兴趣，由此产生的结果是，现在有很多公园或保存完好的环境位于以前的工业区。它们让游客学会了欣赏自然修复人为废弃伤疤的非凡能力。

虽然美国以开阔的空间和可供开发且似乎没有止境的广阔土地闻名，但它的大城市，尤其是位于“铁锈带”的城市，同样包括被废弃的后工业空间。高线的一个不同寻常之处在于，它位于大城市的中心，而且是其高架铁路线中最后一条尚未倒下的。它建于20世纪30年代，用于将货物运出和运入米特帕金区，最终在60年代废弃。最南端的部分被拆除了，但是北段变成了一个了不起的“秘密”空间，拥有独特且自发出现的植物群，包括本土物种和花园逃逸植物。它不对公众开放，只有涂鸦艺术家、博物学家和艺术电影制作人经常光顾。90 年代，市长鲁道夫·朱利安尼领导的市政府提议将它拆除。

令人惊讶的是，对拆除高线的强烈反对来自本地居民。1999 年，乔舒亚·戴维和罗伯特·哈蒙德成立了一个行动小组：高线之友。这个团体看出了高线在城市的这部分区域提供公共绿色空间的潜力，当时该区域几乎没有什么绿地，而且正在进行爆发式的住宅开发。2001 年当选的市长迈克尔·布隆伯格领导着一个以绿色倡议闻名的市政府，正如罗伯特所说："和市政府的合作改变了一切。"可行性研究促成了建设公园的决定，并为此组织了一场设计竞赛。2004 年，詹姆斯·科纳事务所被选中开始改造。DS+R 事务所和皮特受邀加入设计团队。詹姆斯·科纳是一位富于创新精神的景观设计师，他通过与艺术家和摄影师合作并无所畏惧地将荒野精神带入城市景观而打造出了自己的名声。他也是知名的景观理论家和作家。

在詹姆斯·科纳的背后——实际上是许多当代美国景观职业人士的背后，矗立着苏格兰出生的伊恩·麦克哈格（1920—2001）这位令人敬畏的人物。20 世纪 60 年代和 70 年代，他曾向宾夕法尼亚大学的学生们推广生态景观设计。他是工业文明的尖锐批评者，也是一位毫不掩饰的辩论家，总是猛烈抨击他口中现代人类的"支配和毁灭"精神。他的影响是巨大的，特别是对他的学生的影响，他在 1969 年出版的《设计结合自然》一书仍然有很大的影响力。

如今以建设性地处理环境问题而闻名的北美景观业，需要好好感谢麦克哈格。如果没有他，很可能就不会有高线公园。景观设计师特里·冈曾是麦克哈格的学生，他认为麦克哈格的思想为皮特打好了基础，因此"当他出现时，美国景观界已经熟悉了生态概念……我们这里没有花园传统，所以政策和文化必须改变"。

自发出现在高线的丰富植被令皮特印象深刻。遗憾的是，它们都不能保留在最终的公园里——铁轨路基严重腐坏，需要彻底翻新才能容纳公

上图：高线公园改造前的景观
下图：2014 年冬末

花 境
BORDERS

+

“花境”一词对园丁而言具有特定且难以动摇的含义。它定义了一种特殊的空间框架，特别是对英国园丁而言，多年生植物在其中占据长而窄的矩形条带，而一侧的后面是背景——树篱、墙壁或栅栏。在某种意义上，花境确实在皮特设计的私人花园中发挥了重要作用，但它们在皮特作品中的重要性已经减弱，因为他的项目从中型私人花园发展到了大得多的空间，或者有些项目就是不适合使用在空间相对局限的背景下发展出来的传统花境。他的花境总是有强烈的重复元素，这对于在线性形式中建立韵律和统一感至关重要。不过，我总感觉皮特想要将自己从花境中解放出来，这种感觉在许默洛尤其明显，多年以来，那里的多年生植物已经从只排列在花园的外部边缘，变成了从一边到另一边大量填满花园。

英式花境越来越被视为一种陈旧和公式化的植物使用方式。我记得彼得·基尔迈尔教授在担任魏恩施蒂芬观景花园的负责人时告诉我，他认为观看这样的花境就像“在阅兵式上检阅士兵”。条带状形式也会非常限制我们对植物的视觉欣赏。另一个德国人加布里埃拉·帕佩告诉我，她认为英式花境令我们无法充分欣赏禾草的美，因为它们阻碍了背光，而禾草需要背光才能展示出完整的效果。因此，至少在英国，与对奥多夫种植风格的认识齐头并进的，是以更广阔的视野看待多年生植物种植。

在职业生涯的早期，皮特不可避免地在中等大小的私人花园中使用了传统种植空间。有时它们被解读为旧瓶装新酒，例如在狭长的城镇花园——黑斯默格（1993），或者在更加戏剧性和当代化的布恩花园（2000）。特夫斯花园（1996，2006）有更多创新，因此也更有趣味，但充满多年生植物的空间仍然很小。在所有这些花园中，多年生植物与经过修剪的灌木充满互动，这令那些期望看到传统花境出现在草坪或露台边的人感到震惊。在黑斯默格花园中，草坪被对角排列的黄杨方块构成的重复图案隔开。私人花园是唯一继续采用传统形状花境的奥多夫设计；例如，在哈勒姆的一个私人花园（2006）中，一个游泳池与花园的其他部分形成了强烈的线性关系，但皮特通过安排若干色彩缤纷的花境来调节这一点，它们从游泳池旁边经过并一直延伸到房子。

上图：许默洛的花园

下图：皮特·布恩的花园，位于荷兰

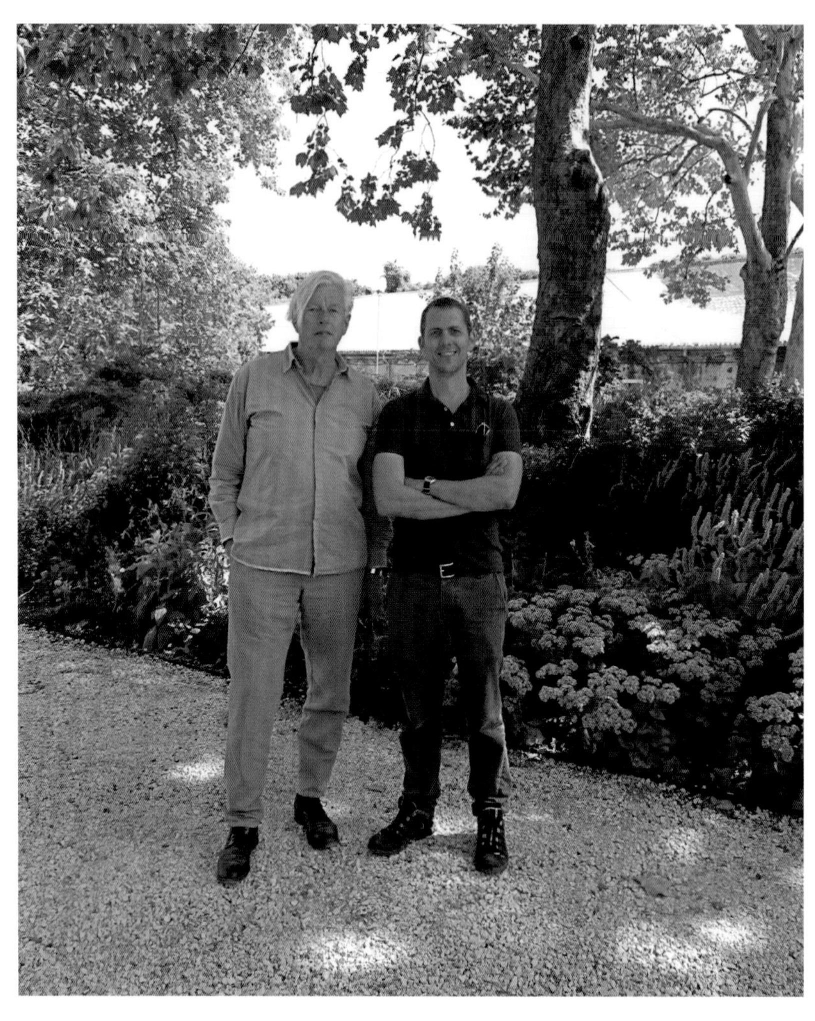

2010 年威尼斯双年展上，奥多夫和高线之友
联合创始人罗伯特·哈蒙德合影

众。为高线公园创造种植方案的视觉挑战，是要让人回想起这里曾经有什么，从而保留它的历史。这个挑战不同于皮特在职业生涯中必须应对的任何东西，但也许令人惊讶的是，他非常自信地接受了这个挑战。为了卢里花园的项目，他深入研究了北美本土植物，并在许默洛种了许多此类植物，这让他能够坦然使用自己想用的植物。

高线公园的线性路径令它成为一个与众不同的公园。它有明显的两端，并偶尔有从主体伸出并形如死胡同的"距"，可以从那里看到城市的景色，此外还有两条隧道（一条穿过从前的肉类包装厂——如今已经改造成居住区，另一条位于一座新建酒店的下方）。在詹姆斯·科纳看来，这座公园的形状暗示着，当人们从中穿行时，应该体验到一系列拥有不同特色的种植，它们逐渐显露出来并融入下一段种植，赋予每一段步道属于自己的个性。此外，它还必须有天然和自发植被的艺术效果。对于开发工程的一期阶段，这是通过两大类种植完成的：草地和年轻林地。对于草地区域——如今以高线公园穿过的区域命名为切尔西草地（Chelsea Grasslands），皮特选择不使用改造前生长在高线的物种，即容易倒伏且在某些情况下寿命往往较短的帚状裂稃草，而是使用异鳞鼠尾粟。正如里克·达克所说："这种鼠尾粟在城市环境中的表现出了名的好。它可以应对冻融，而且它会保持低矮。"林地区域主要使用了小乔木和灌木，如加拿大紫荆，以及株型开阔低矮的地被植物。低矮禾草或禾草状植物如宾州薹草也加入其中，令人想起后工业场地上的年轻林地区域中可能出现的那种植被。

首段铁路轨道在2006年4月拆卸，标志着工程开始；3年后，从甘斯沃尔特街到西20街的第一段向翘首以待的好奇公众开放。成功显而易见。高线公园之所以迅速成功，不仅是因为它是一个可以去放松的地方——虽然身处城市之中，但令人感觉仿佛在城市之外，而且还因为这是一个可以来回漫步、与朋友会面甚至结识新朋友的地方。在这方面，它有点儿像西班牙城市的步行道（paseo）。高线公园周围的房地产价值立刻飙升。商店和餐厅沿着它涌现。正如罗伯特·哈蒙德所说，曾经的破败地区起飞了，吸引了“数十亿美元的新经济发展”。不用说，高线公园也有一些批评者，他们抱怨在这里发生的中产阶级化、“挤满游客的时装 T 台”，以及过去遍布下面街道的旧汽车修理店和夫妻咖啡馆的消失。但对于绝大多数纽约人和游客来说，高线公园带来的体验绝对是正面的。高线公园上的景色和观看行人的体验是它的两个很棒的属性，但正如罗伯特所说：“它的成功在于种植。”

从西 20 街到西 30 街的项目二期于 2011 年 6 月开放。第二部分的特点与北美草原似的第一部分有很大不同，因为它更多地嵌入在建筑之间，而且有几段的入口和种植分别位于两层，让游客可以从上方观看种植。它拥有比例更高的乔灌木以及伴随的森林地被种植，赋予它氛围亲密的林地特征。

“我们都爱上了这里原本的荒野景观，”罗伯特·哈蒙德回忆道，“但你不能让它保持原样。你不想将它的原貌冻结下来，也不想完全替换掉它——在我们知道必须将它移除时。有一次，我问皮特能不能说他的种植是‘自然景观’。他说不行，它没有任何自然的东西——它是理想化的自然。”罗伯特接下来用室内设计做类比。“对于未经训练的人来说，它看起来是自然的——我将它比作一个极简主义的房间。看起来很容易创造，但实际上很难。我喜欢《猎豹》(*The Leopard*) 中的一句话：‘为了保持不变，一切都必须改变。’皮特明白这一点。”

一年后，名为铁路站场的另一部分被 CSX 运输公司（CSX Transportation）捐赠给纽约市，于是得到了保留；它是第三部分，在 2014 年 9 月开放，位于 30 街和 34 街之间，先绕过哈德逊城市广场（Hudson Yards）开发区域，再绕过铁路编组场。它被建筑包围的程度远不如上一部分，这里的植被更精简，显然更适合多岩石的基质。因此，在某种程度上更适合

上图：高线公园的切尔西灌丛
下图：甘斯沃尔特林地

高线公园的这个非常开阔的部分。随着第三部分的完成，高线公园形成了一条绿色走廊，从甘斯沃尔特街的惠特尼美术馆延伸到哈德逊城市广场的“棚屋”艺术中心（The Shed）。

位于30街和第十大道交叉口的“距”（The Spur）于2019年6月开放，是原始结构最后一块被保留和开发的部分；它被设计成了一个广场，可用于表演和安放装置艺术，第一件艺术品是西蒙妮·利（Simone Leigh）创作的高16英尺（约5米）的《砖房子》（*Brick House*）。倾斜的种植容器中主要是小乔木和灌木，还有林下植被——全都是本土植物。在这座快速发展的城市，变化无疑会继续发生。在撰写本书时，纽约市有一个长期而大胆的提议，即遮盖铁路编组场并创造一座新公园，这将不可避免地将高线公园的这一端整合到更大的种植景观中。

在城市环境中设计景观首先是一项美学挑战。大多数人认为“真实的”自然对于城市环境来说过于凌乱，正如英国的许多地方议会在20世纪80年代和90年代将城市公园的一部分移交给“野生动物区域”时发现的那样。人们认为这些地方不整洁，无人看管；被视为无人维护的空间反过来又会吸引垃圾和犯罪，并失去对维护它们甚至它们存在本身的政治支持。然而，城市绿色空间的传统园艺模式已经与我们这个时代拥抱自然的精神严重脱节。一种中间路线是“增强自然”的概念，它是詹姆斯·希契莫和奈杰尔·邓尼特首先在关于新种植运动的第一本学术书籍中提出来的。

虽然高线公园的种植与纽约市的其他正式绿色空间（如中央公园）相比显得有些野性，但仍然需要令人吃惊的大量维护。“因为它是非常狭窄的一条，所以任何东西都会被人看见。就像皮特设计的其他一些地方一样，没有什么东西可以放任不管，”一位员工指出，“我们必须找到一种平衡，这让人难以捉摸。”正如罗伯特·哈蒙德所说：“维护工作很复杂。我们都对种植做得这么好感到惊讶——比我们想象的好，但一个问题是植物生长得太快了。”事实上，高线公园和卢里花园一样，都是人工环境和屋

上图：奥多夫和高线公园的园丁们
下图：14 街附近的高线公园景色

顶花园。基质深度在多年生植物和禾草种植区是18英寸（约46厘米）到10英寸（约25厘米）不等，在树木种植区是36英寸（约91厘米）。“这是一个巨大的实验，”里克·达克这样说道，“在纽约市中心的空中种植植物的经验并不多。（外运）土壤可能含有过多有机质，过于肥沃……局面开始恶化。如果他们现在做一次检查，会发现很多堵塞的排水管。有的地方还有内涝。”

在对于“看起来自然”的植物生命而言无疑充满挑战的条件下，皮特使用的大量不同物种为高线公园带来了巨大的力量和持久力。设计师在这种规模下做的设计常常会出现可种植的物种贫乏，这让植物在面对任何问题时都非常脆弱，而物种的范围广泛，则为那些能够应对的物种提供了机会，代价是那些不能应对的物种被舍弃。这个过程当然类似于自然植物群落中的生态过程。正如里克·达克所说：“植物在被选择，选出那些能够应对这些条件的。”当然，工作人员也会提供一些帮助。

病虫害一直是个麻烦，并导致了公园为数不多的真正问题之一——禾草物种受到影响，尤其是兰沼草。然而，北美草原的草种一直表现良好。一些物种已经自播。正如皮特本人所观察到的那样：“这就是所谓的演替——每一段的情况都有变化，尤其是在那些有树木的地方。”树木的生长速度比很多人预想的要快得多，这导致了地面条件的变化，因此种植也不得不有所改变。

自从高线公园的一期部分开放以来，该地区最好的专业人才一直在为二期和三期以及管理提供建议。帕特里克·卡林纳以关于种植本土植物物种的写作闻名，曾担任布鲁克林植物园的园艺和科学副主席，他在2009年加入高线公园，担任园艺和公园运营副主席。里克·达克也成了非正式顾问。

维护高线公园需要受过专门训练的眼睛。“我以前在炮台公园工作，”其中一名员工说，“我认为这就是他们在高线公园雇我的原因。你要么能

本页：高线公园中禾草占主导地位的一段
第 306~312 页：更多高线公园景色

看到美，要么不能——有些人就是不明白。”每个员工都被分配了一个区域，由他或她完全负责。“我的区域大约有两个街区长。这里的人员流动率很低。一个园丁一旦进入这里，就不会想要离开。我们的队伍一开始有5个人，然后日益发展壮大。老员工参与新员工的选拔过程。”

“我每年都会去高线公园，”皮特说，“我会和所有园丁见面。我们一起讨论我对植物如何生长以及哪些地方需要管理的想法。我倾听他们的思考和想法，我们一起讨论应该做什么，如果我认为某件事不是个好主意，我总是会解释我的理由。我对任何事物的演变都持开放态度，只要它看起来不错而且有多样性。但我的基本策略是：如果它看起来不错，为什么要改变它？”

根据罗伯特·哈蒙德的说法，高线公园最大和最无形的影响是“引起了对景观和园艺如此巨大的关注。”它还以惊人的规模展示了将受自然启发的景观与城市生活相结合的可能性。美国——以及世界各地——的各大城市如今正在重新评估废弃土地区域，并从中看到创造休闲场所的潜力。两个例子包括费城的雷丁高架铁路步道项目和芝加哥的布鲁明代尔小道。在将来的某一天，高线公园可能只是被视为将精心设计的绿色空间带入城市中心的众多项目中的第一个。到时候，当伊恩·麦克哈格从他的极乐草原俯瞰这个世界时，一定会感到很欣慰。

在德国的项目

在21世纪头十年后期，皮特参与的很多项目服务于公共空间，或者至少是公众可出入的空间。在这一时期，皮特在德国参与了两个这样的项目——它们之间差异很大。一个项目是在2008年为德国西北部的温泉小镇巴特德里堡的格雷弗里希公园做的种植设计。温泉文化从19世纪末开始成为中欧生活的重要组成部分，而温泉小镇发展出一种特定的外观，将建筑与精心修饰的景观融合起来。高强度的园艺——通常以活泼的夏季花坛为重点——一直是温泉体验的重要组成部分。巴特德里堡温泉酒店和公园的业主马库松·冯·厄因豪森－皮尔斯托夫和安娜贝勒·冯·厄因豪森－皮尔斯托夫与艺术策展人托马斯·克莱因建立了联系，后者从地区政府那里获得了资金，用于委托艺术家在开放空间中布置装置艺术、雕塑和其他艺术作品，加入一个名为东威斯特伐利亚－利佩花园景观的项目中去。克莱因又委托皮特为温泉浴场的公园用地做种植设计。他们要求用当代手法对待传统的温泉浴场-花园艺术形式。温泉浴场的业主之前请过其他著名设计师来打造这里的公园，包括彼得·科茨——他建造了一个月季园，以及吉勒·克莱芒和阿拉贝拉·伦诺克斯－博伊德。杰奎琳·范德克洛特受委托种植球根植物。被克莱因邀请加入这个项目中的还包括印度裔英国雕塑家安尼施·卡普尔、景观设计师玛莎·施瓦茨和概念艺术家珍妮·霍尔泽。

皮特在巴特德里堡项目中负责的部分涉及80种植物，共计16 000株。这部分在公园中是“独立”的，而不是像多年生植物种植那样经常被拿来用于填补剩余空间。它本身就是景观。无论这些植物可能与20世纪20年代的类似夏季花坛型花境使用的植物有何不同，整体形式依然可以识别。

2010年，皮特在德国鲁尔区的粗犷风景中完成了另一个非常不同的项目，这个后工业区自19世纪中期以来一直是德国制造业的动力源。与其他国家相比，德国更有尊严地处理了其前工业区的解体；鲁尔区从未变成萧条的“铁锈带”，尽管仍然不乏见证了后工业时代废弃的个别地点。在塑造这个地区的未来方面，景观更新和公共艺术发挥了重要作用，如今它们已成为吸引游客策略的一部分。就连曾经肮脏的城市埃森，也在2010年成为欧洲文化之都。其中一个特别的项目是名为贝尔讷公园的新公园，由DTP景观设计公司在前工业场地上开发。这里有两个直径80米的混凝土水缸，最初是为处理工业废水建造的，按照格罗斯马克斯事务所（Gross Max）的设计，它们被种上植物，成为装置艺术。其中一个变成了水景园，另一个变成了皮特种植的下沉式多年生植

两个德国项目，北莱茵－威斯特法伦州的巴特德里堡（上图）和位于哈姆的马克西米利安公园（下图）

物花园。然而，使用的客土含有干净杂草的根或种子，所以，它的维护一直是一项艰巨的任务。

2011 年，皮特在德国西北部完成了另一个项目：位于小城哈姆的马克西米利安公园。该公园坐落在一座废弃煤矿上方，位于从前的一个地区性花园展的场地上，其中包括各种旅游经典。景观美化最初是 1984 年为花园展完成的，但多年来通过一些装置艺术和其他设施进行了扩充，皮特的作品是其中唯一的园艺设施。

在这一时期，皮特还在鹿特丹承接了很多项目，那里历史悠久的中央港口区早已不再行使当初的功能。西码头（Westerkade）沿线两百米长的一系列种植被设计成比他的大部分作品更简单和更图形化的风格，让街道上的驾驶员以及在水边人行道上步行和慢跑的人都能一眼欣赏到它们的美。向下游走一小段路就可以到达勒弗霍夫德，在那里，一种截然不同的种植将视线引向海滨，首先映入眼帘的是一团团多年生植物中的一大丛发草。

21 世纪第二个十年后期，皮特迎来了迄今为止职业生涯中最大的项目，楠塔基特岛上 6 公顷（6 万平方米）土地的种植。业主购买了几处相邻的房产，然后将土地上的房子拆除以获得他想要的配置，并决心让皮特为这处地产设计可以令他获得完整视野的景观。皮特需要一些时间说服自己，他承认自己认为“它太大了。我感觉不太确定”。他联系了自己在高线公园的同事詹姆斯 · 科纳，请对方负责这个项目的总体规划。楠塔基特岛出了名的多风，持续存在的盐沫会对植物造成额外的危害。树木无法生长到接近正常尺寸。皮特向当地人寻求建议，并和承包商讨论哪些乔木和灌木能够存活下来。“他们告诉我，没有什么东西能长到 4 米以上。我们尝试种植日本四照花，但没有奏效。”最终在这里站稳脚跟的物种中包括紫茎（stewartias），这有些令人惊讶，因为这种山茶花的近亲以需要林地庇护条件而闻名。皮特还惊讶地了解到“日本樱花被认为非常耐盐——这是你想不到的。我们发现，檫木、冬青和杨梅也可以，所以最后其实有很多选择”。然而，他也承认“有很多未知情况；那是我的噩梦”。在林地区域环抱的背风区域内，皮特接下来创造了一系列广阔的多年生植物种植块和仿佛草地的牧场，其中开花多年生植物被整合到本土禾草的矩阵中。

与建筑和艺术建立联系

从 2010 年开始，皮特越来越受到建筑和艺术界精英的关注。对于景观和花园领域的许多人而言，这具有重大意义。传统上，建筑师们看不起景观设计师——景观建筑师（landscape architect）这个称呼，在他们看来常常可以翻译成“不够格的建筑师”。然而，景观职业人士常常转过身看不起园艺种植者。园丁、花园设计师——随便你怎么称呼他们——长期以来一直在与职业地位问题作斗争。即使在 18 世纪，当英国将造园视为一个受人尊敬的艺术领域时，建造和维护它们的实际工作仍处于很低的地位。即使在今天，园艺种植也常常被视为一种爱好。然而自 20 世纪 80 年代以来，已经有过几次以图书和公开辩论为形式的尝试，试图证明园艺常常具有严肃的知识成分。21 世纪的出版物、研讨会、杂志文章和活动加剧了讨论，这场讨论通常围绕下面这个问题的某个方面：园艺是艺术吗？

景观职业人士做出了令人钦佩的工作，展示他们的工作如何与更大的背景相关，这种背景是指“景观都市主义”（landscape urbanism），即城市需要首先设计成景观而不是商业建筑的组合，这种思想反对首先看重利润，其次才是土地使用的商业思维。很多建筑师对这一运动做出了积极的回应，职业兴趣的融合令这两类设计师能够更全面地思考城市环境。造就这种情况的一个实际原因是，人们认识到环境问题需要跨学科的解决方案。创造绿色屋顶这一领域的快速扩张，是建筑、景观设计和园艺可以如何融合起来的一个特别有力的例子。

皮特在艺术界的第一次突破，是受邀为当代艺术最重要的节日威尼斯双年展建造一个临时装置花园。威尼斯双年展自1895年起隔年举办一次。从1980年开始，它与建筑双年展——威尼斯国际建筑双年展——交替举办。从2006年起，它开始涵盖远不止建筑的范围——将视线投向更广泛的城市规划问题。2010年的第12届建筑双年展由日本著名建筑师妹岛和世策展。她委托皮特在展览的室外部分建造一座花园。它因身处的庭院而被命名为“处女花园”。它被建造在历史氛围浓厚的海军造船厂遗址中，旨在唤起一种废弃感。

第二年，伦敦的蛇形画廊发来了一份委托。瑞士建筑师彼得·卒姆托已经受邀在海德公园建造一年一度的展馆建筑，他请皮特为自己设计的展馆中心庭院设计一条狭长的多年生植物种植。卒姆托说：“封闭花园令我着迷。这种迷恋的前身是我对阿尔卑斯山农场里的围栏菜园的喜爱。我喜欢这些从广阔高山草甸中裁剪出来的小小矩形的样子，还带有将动物拒之门外的栅栏。一座花园被栅栏包围在它周围更大的景观之内，这样的景象中有着其他东西让我难忘：小的事物在大的事物中找到了庇护所。”

当然，皮特以大规模的广阔种植闻名——即使在小空间里，他的多年生植物也会向更广阔的天空伸展。蛇形画廊的庭院鼓励参观者仔细和深入查看单株植物；它的设计是对众多参观者的一个邀请，请他们近距离观察植物的细节。像这样的临时装置种植，需要与永久性花园截然不同的

分层种植

PLANTING IN LAYERS

+

皮特的设计越来越复杂，这可能给负责其实施的人员带来了问题。他将植物分解为“层”（layer）的理念，便利了放样过程。每个层次都是在描图纸上单独画出来的，因此，可以根据需要一起或单独查看它们。[1] 作为一名种植教师，我发现这个概念非常有用。种植可以分解成易于定义的要素，这些要素通常描述的是非常明显且具有生态意义的生长形态类别：灌木、乔木、林下种植，以及多年生植物。它们还可以用来定义基于设计的类别，例如：矩阵植物、散布植物和块状植物。作为一种设计工具，这是非常有用的技术，许多不同的设计风格都可以采用和调整。

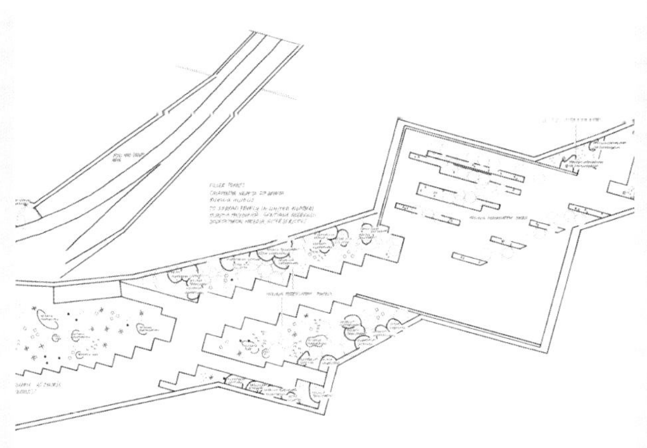

该图显示了一个设计中不同层次的植物

[1] 分层方法在廷贝尔出版社 2013 年出版的《种植新视角》一书中有详细讨论。

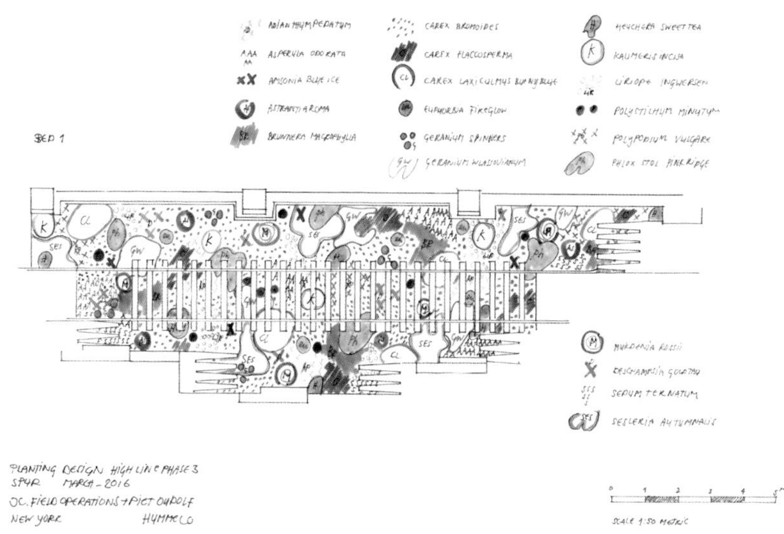

第 318~320 页：楠塔基特岛上的花园

本页：20 世纪 90 年代的诺埃尔 · 金斯伯里和皮特 · 奥多夫，以及奥多夫为高线公园三期手绘的一张种植平面图

图形样式

GRAPHIC STYLING

多年生植物会在单一品种边界清晰的种植块中产生图形感，而这种图形感可以通过规模、刚性几何形状，或者通过重复而大大增强。巴西景观设计师罗伯托·布雷·马克思使用这些技术取得了很好的效果。多年来，皮特在次数有限的场合也使用了这种方法，尽管这在他的整体设计作品中只是一个非常小的方面，但在不那么自然主义的风格更受青睐的环境或文化中，事实证明它是有用且合适的。

梦幻公园的“鼠尾草河”是这种方法的一个引人注目的例子，流动的蓝色和紫色色块穿过一条小路，流向构成公园外部边缘的一条小河。芝加哥的居民很幸运，皮特打破了通常不重复自己作品的惯例，在卢里花园也做了一个规模很大的版本。

上图：芝加哥卢里花园的“鼠尾草河”
下图：阿姆斯特丹荷兰银行总部的种植

一个形状更规则且更有几何感的例子是皮特在1996年为荷兰银行园区做的种植，这个园区位于阿姆斯特丹南部的新金融枢纽泽伊达斯区（Zuidas）的马勒广场（Mahlerplein）。这是一个快速发展的区域，有很多钢铁玻璃高层建筑。正如皮特所描述的那样：“很多人从高楼俯视地面，或者在它上方的天桥上行走，所以，种植需要高度图形化。”多年生植物被排列成单一栽培的线形种植块。后来的再开发过程基本上破坏了这个项目，但是在2006年，皮特得以将它部分重建。新种植占地约 1 200 平方米，被设计成了一系列波浪，每条波浪都有不同的植物组合。这种厚实的图形风格在他的作品中并不那么典型，但它为类似美学的进一步发展提供了想法和空间。

皮特曾多次使用禾草制造图形效果。这些努力非常成功，特别是当它们与开花多年生植物形成鲜明对比时。禾草种植块形式简单，质地柔软，颜色浅淡且有限，非常适合用来让眼睛放松。发草、异鳞鼠尾粟（两者都柔软、色浅且有绒毛）或蓝沼草（感觉稍硬）曾在各项目中担当主题。布恩花园在更广阔的景观中使用了矩形鼠尾粟苗床，营造出一种错觉，让人觉得这种禾草好像是一种被邀请进入花园的本土植物。斯坎普斯顿庄园使用“波尔·彼得森”蓝沼草打造出了引人注目的效果；花园中名为“禾草飘带”（Drifts of Grass）的部分使用这种植物的波浪状条带与传统草坪交替。在一年当中的不同时间以及从不同的角度看过去，它的样子都各不相同。当观看者正对波浪时，它们就像一片草地；当观看者从侧面看过去时，波浪展现出完整的塑形效果。光影进一步改变了观看这些波浪的方式。这种非常简单的种植方案是观赏禾草所具有的可能性的一个戏剧性的例子。它们可以极为现代，也可以非常规则。禾草波浪的缺点在于，它们的效果只能在一年当中持续一部分时间，但在有些人看来，与经过修剪的灌木的传统规则式元素相比，它们提供了额外的维度，即微风吹拂下的晃动，这个好处超过了缺点。

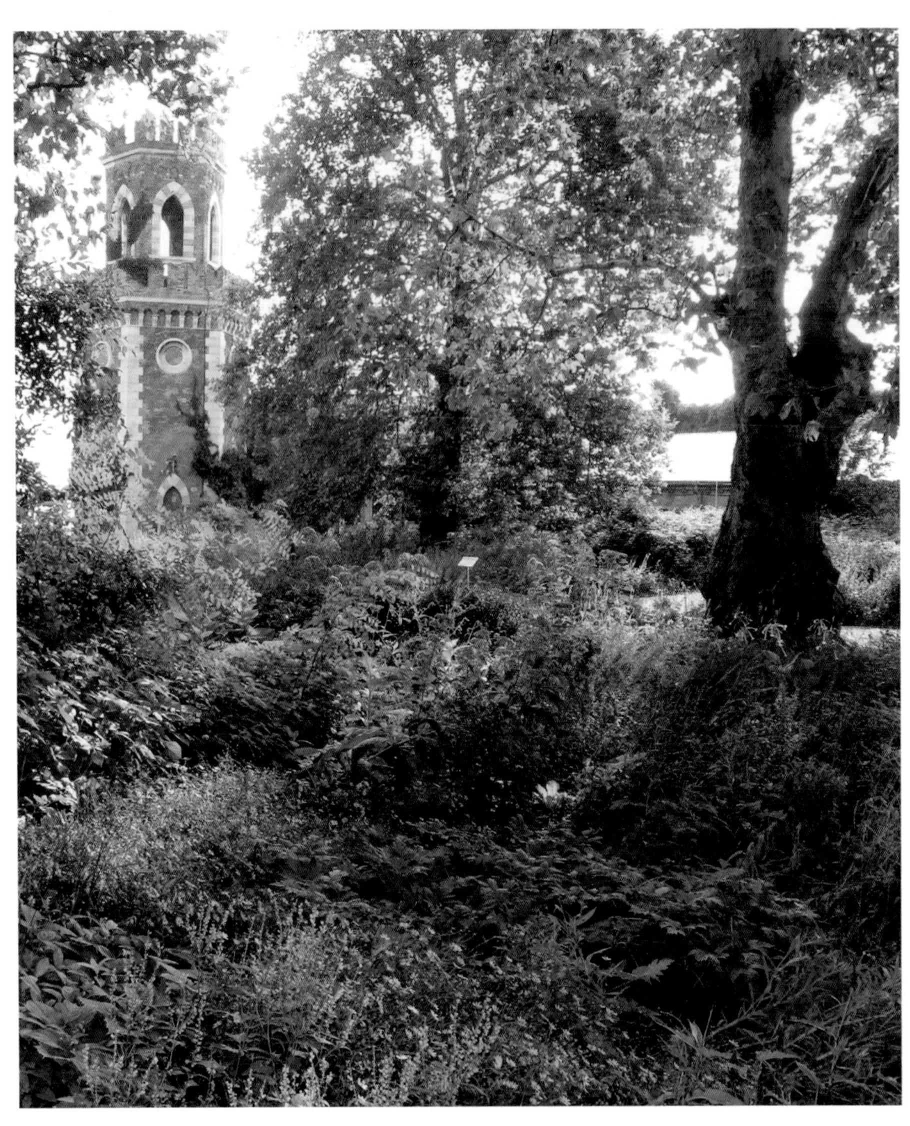

本页：2010 年威尼斯双年展上的奥多夫花园
第 326~327 页：瑞士建筑师彼得·卒姆托设计的 2011 年蛇形画廊展馆，位于伦敦海德公园肯辛顿花园

方法；植物必须更密集才能产生瞬时的视觉冲击。它和花卉展台的搭建很像。植物的并置更紧密、更强烈，也更复杂。

植物设计和应用的新视角

同年，即 2011 年，皮特和我认定他已经创造了足够多的新作品并产生了足够多的新想法，可以让我们共同编写第三本实用图书，它最终在 2013 年春出版。这本书名叫《种植新视角》，在很大程度上依赖于他的平面图来展示混杂种植（intermingling）是如何起作用的。这个概念也被称为“混合种植”（mixed planting），在我们看来正是种植设计的时代精神所在。它的核心是创造种植混合区域，在其中结合数种植物的多棵植株。皮特自 2000 年左右开始对其进行实验，而且当时它是我们在德国和瑞士的同行正在开展的种植设计研究的主要部分。在欧洲更远的东部，如捷克和斯洛伐克，混合种植正在取得进展，而且英国的一些花园设计师也在谨慎地尝试这一概念。威斯康星州的罗伊·迪布利克独立开发了类似的方法，而英国景观设计师丹·皮尔逊也创造了一种非常有趣的混合种植系统——不过它仅应用于一个项目，日本北海道的十胜千年森林公园。

这本书还让我们有机会发表我的一些关于多年生植物长期表现的研究发现，这些内容非常符合对皮特作品的讨论。2008 年，我在谢菲尔德大学完成了博士学位研究，题为“基于生态学的观赏草本植被的表现调查，尤以生产环境下的竞争为背景”（An investigation into the performance of species in ecologically based ornamental herbaceous vegetation, with particular reference to competition in productive environments）。我基本上一直在尝试将植物生态学的课程应用于多年生植物种植，以理解我们如何更好地为多年生植物的商业用户指定植物选择。博士学位研究的问题之一是你会花费大量的时间摇摆不定地试图寻找研究问题，到头来却发现，自己没有提出正确的问题——简而言之，我希望在一开始就知道我在结束时意识到我不知道的东西。幸运的是，在 2009 年，我得以加入一个欧盟资助的

矩阵种植

MATRIX PLANTING

+

在皮特创造卢里花园时，它代表了他设计中的复杂性和老练技艺的新水平。它借鉴了许多在其他地方取得成功的元素，但也包含了一些创新。大部分种植是由类似植物聚集成群形成的，尽管在南端有一小块创新性的混杂种植——称为“草地”（Meadow），那里的物种以真正自然主义的方式混合在一起。它的观赏禾草矩阵——包括本土物种异鳞鼠尾粟——不时被一些高于禾草的多年生物种打破；双方的对比增强了多年生植物枝叶和花的色彩和质感。这是皮特第一次使用这种技术，但如今它已成为皮特的标志性风格，实际上，它正处于成为当代园林设计主流的边缘。皮特说它是自己“对高线公园大部分种植的灵感”。

“矩阵”（matrix）一词源于拉丁语的“母亲”（mater），因此，在景观设计的语境中，这个概念指的是存在一种主要材料，并且有源于它的其他元素。在原生景观中，植物群落通常由一群优势物种和大量次要元素组成。例如，草地和北美草原都是草原群落，其中大约 80% 的生物量是禾草，而野花物种占其余 20% 的绝大部分。出于美学和实用原因，矩阵种植旨在再现这种效果。

矩阵种植的概念对皮特的吸引力主要在于视觉原因，因为它让皮特能够创造一个易于作为统一整体看待的种植区域，而且它可以用作对比，衬托设置在其中的其他植物。他第一次使用这个概念是 1996 年在伯里院子的发草草地。这是一个质感柔软的区域，与其他种植区域的强烈视觉外观形成了柔和的对比。它被景观职业人士和家庭花园业主广泛复制，但最初使用的禾草遇到了很多问题，如今已被“波尔·彼得森”蓝沼草取代。约翰·科克还想到，可以在其中种植一些锈点毛地黄和其他多年生植物以提供对比。

此后，皮特发现异鳞鼠尾粟可以产生和发草相似的效果，而且它拥有更可靠的长寿命[3]；他在楠塔基特岛的花园使用它作为开花多年生植物的矩阵。不过，发草用在鹿特丹码头种植区勒弗霍夫德（2012）的效果很好。有充分的理由认为，丛生禾草（即形成紧密草丛或成束生长的禾草）和多年生植物的结合存在相当大的可能性；在 1994 年的一篇文章中，詹姆斯·希契莫提出这种组合方式可能是创造一种低维护观赏组合的好方法[4]。高线公园目前是欣赏基于禾草的矩阵种植的最佳地点。它使用了本土禾草物种和在禾草植物之间出现和穿过的（大部分）本土多年生植物，这种应用方式提供了一些最令人难忘的风景，并有效地令人想起项目开发前点缀在铁路上的自发植被。蓝禾属禾草也曾作为矩阵植物出现，例如在波恩的河畔住宅花园（2006）。很多薹草属物种也有潜力，不过到目前为止，低矮和蔓生薹草属物种仅在北美进行了测试和商业化；有些欧洲物种会有类似的表现，例如粉绿薹草。

近些年，皮特增加了用于制造矩阵的物种的数量。有时他会同时使用两三个物种——常常是在自然界不以任何矩阵形式存在的物种。它们包括紫松果菊和细裂刺芹的栽培品种，常常搭配鼠尾粟使用。这些多年生植物可以被视为临时元素，因为如果不加以管理，禾草最终会将它们取而代之。高密度使用穴盘苗——大批量种植在小至 25 毫米宽容器中的年幼多年生植物——是另一种有助于创造自然或随机矩阵种植的技术。宾夕法尼亚州的北溪苗圃正在推广这一概念。

和混杂种植一样，皮特使用矩阵概念所做的工作处于早期开发阶段。无论是来自皮特，还是来自在该种植方式的技术和生态方面参与其中的人，肯定会出现更多创新。某方面来说，矩阵种植可能是一种“驯服”并有效利用强大甚至具有侵略性的多年生植物的方式。

楠塔基特岛上的一座私人花园

SECTION D

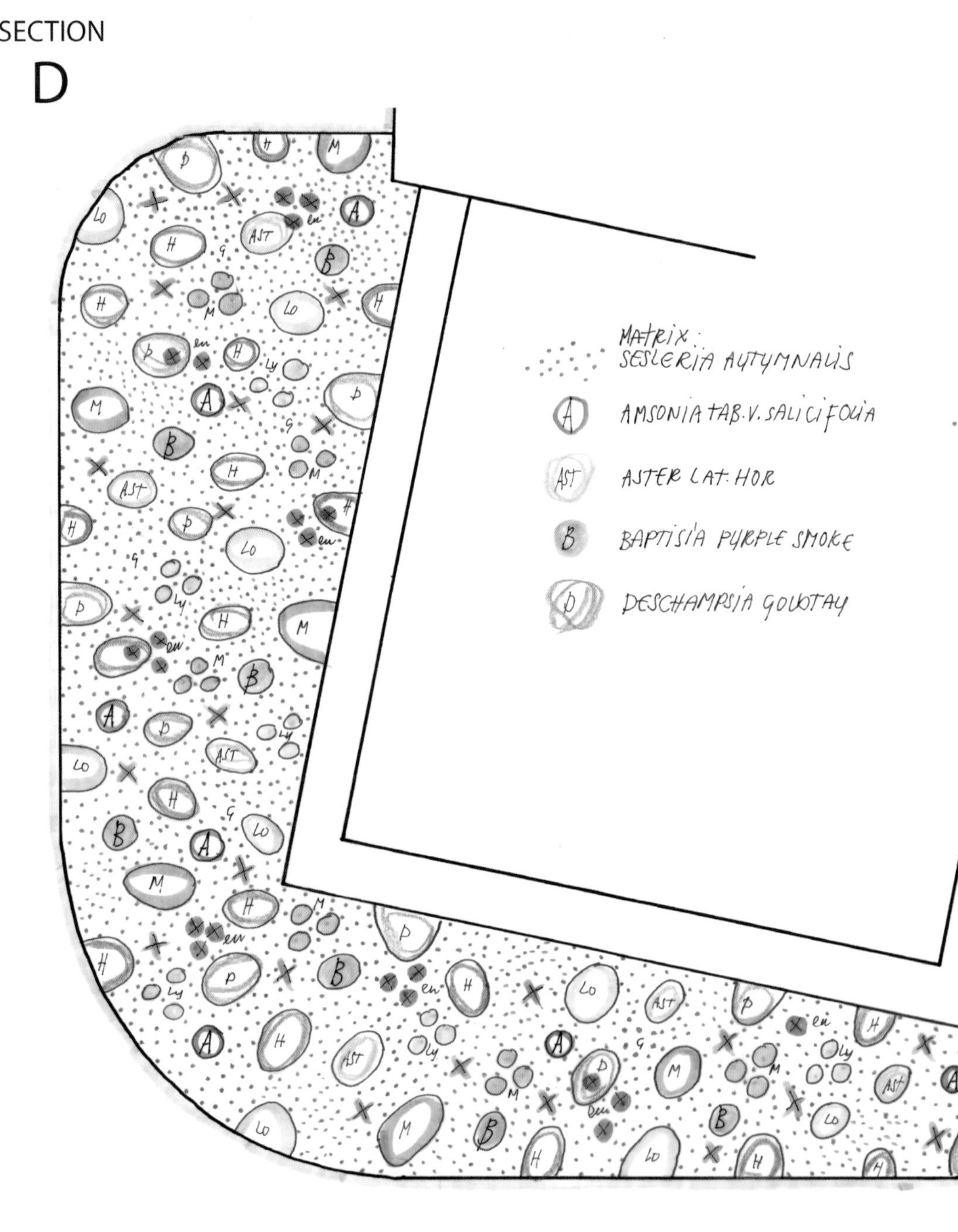

PIET OUDOLF, HUMMELO, HOLLAND

EUPHORBIA DIXTER

GERANIUM BROOKSIDE

GEUM FLAMES OF PASSION

HEUCHERA VILLOSA

LOBELIA SIPHILITICA

LYTHRUM BLUSH

MOLINIA DAUERSTRAHL

MONARDA BRADBURIANA

PAPAVER PERRY'S WHITE

PERENNIAL PLANTING DESIGN FOR
VITRA CAMPUS WEIL AM RHEIN
SCALE 1:100 DATE MARCH 2019

研究项目，谢菲尔德大学是该项目的合作伙伴。项目总的主题是公共空间管理的成本效益最佳实践，所以我的题为“使用基于问卷的从业者调查评估观赏草本植物的长期表现”（Evaluating the Long-Term Performance of Ornamental Herbaceous Plants Using a Questionnaire-Based Practitioner Survey）的论文非常合适。它解决了许多悬而未决的线索，并确认和澄清了我在博士论文中提出的许多问题。就一些常见花园多年生植物的表现，我采访了将近 70 位园丁（大部分是业余爱好者）。有些人拥有数十年的经验——其中有 2 位园丁甚至已经 90 多岁了。

在完成我的研究后，我开始意识到皮特作为设计师获得的成功背后简单而科学的原因：他的植物存活了下来。我记得和汤姆·斯图尔特－史密斯的一次谈话，皮特种植作品的持久程度几乎让他感到震惊。能够创造一座美丽的花园是一回事；十年后在几乎没有什么重新种植的情况下大部分植物仍然蓬勃生长则是另一回事。皮特作为苗圃主的经历和他对植物寿命的持续关注是其设计的关键。我相信，我的研究是他的知识的补充，为我们的读者提供了关于植物形态、随时生长、植物生理学等现象的有用解释。我认为，更好地了解植物形态和表现之间的关系，对于预测不熟悉植物的表现至关重要。

至于出版方面的其他进展，此前与亨克·格里森合著的《种植自然花园》在 2019 年秋以经过更新的版本成功再版发行。其他图书侧重于特定项目，例如 2017 年 7 月出版的皮特和里克·达克合著的《高线的花园：提升现代景观的本质》（*Gardens of the High Line: Elevating the Nature of Modern Landscapes*），以及 2019 年秋出版的罗里·迪瓦尔（Rory Dusoir）撰写的《在萨默塞特郡豪瑟沃斯画廊种植奥多夫花园》（*Planting the Oudolf Gardens at Hauser & Wirth Somerset*）。

荣　誉

2012 年 9 月 27 日，英国皇家建筑师学会宣布授予皮特荣誉会员称号。他是获此殊荣的人中为数不多的景观职业人士之一，而且是唯一主要从事植物工作的设计师。该组织对荣誉会员的表彰语声称，它们被授予那些“在最广泛的意义上对建筑学作出了特殊贡献”的人，包括“建立更加可持续的社区和（教育）后来者”。

2013 年，皮特获得了伯恩哈德亲王文化基金授予的重量级奖项荷兰文化奖。该奖项授予“在音乐、戏剧、舞蹈、视觉艺术、历史、文学、遗产、文化或自然保护领域作出杰出贡献的个人或机构”。表彰语提到了他“在园艺和景观设计领域的成就”，特别是他“对荷兰和国外相关发展的重大影响”。10 月 11 日，颁奖典礼在阿姆斯特丹海滨的现代音乐厅举行。皮特被告知颁奖典礼将持续 1 个小时，但他“希望这是一个惊喜”，所以他没有参与议程细节。有人发表了讲话；各种艺术家演奏音乐——其中有一支乐队演奏了莱昂纳德·科恩（皮特最喜欢的艺人）的几首歌；一位女士念出一份植物拉丁学名清单，与此同时，《景观中的景观》（2011 年的一部专著，收录了他的 23 座花园）中的照片被投射到一个巨大的屏幕上；舞者伴着从皮特的苹果平板电脑中挑选的一些嘻哈音乐表演舞蹈；最后，马克西玛王后为皮特颁奖。

该奖项包括给皮特本人的奖金，以及供获奖者用于公益事业的奖金。皮特正在努力建立一个名为“邻里绿色”的基金，它将为城市地区基于社区的志愿者项目捐款。这些项目可能包括例如覆盖待开发场地的播种种植，或者袖珍公园或菜地等临时项目。皮特将与捐款基金会的一个委员会合作批准资金。

2018 年 6 月，托马斯·派珀（Thomas Piper）制作的电影《五个季节：皮特·奥多夫的花园》（*Five Seasons: The Gardens of Piet Oudolf*）在纽约首映，这位制作人此前主要制作关于艺术家的电影。这是一个独特的场景，因为从来没有花园制造者以这种方式出现在电影中。它不完全是纪录片，更像是对皮特、他的生活以及他的花园的纪念，镜头语言在抒情和日常之间摇摆，从长曝光的花园镜头到拍摄皮特购买奶酪或者在

得克萨斯州光顾一个路边烧烤摊。在许默洛花园和卢里花园的延时摄影提供了非凡的影像，是用固定就位的网络摄像头连续拍摄了许多个月制作出来的（这本身在技术上就非常具有挑战性），几乎就像发明了一种全新的媒体形式，非常适合用来展示种植设计随着时间的推移会发生什么。这部影片如今已向世界各地的花园团体和艺术场馆播放，让更多人认识到皮特和他的作品。也许至关重要的是，它将对植物设计的认识带给全新的公众。实际上，这不是皮特第一次成为电影的主题；2016 年，芭芭拉 · 登艾尔（Barbara den Uyl）拍摄了一部名为“触手可及的天堂”（*Paradijs binnen handbereik*）的纪录片。

更多国际项目

21 世纪第二个十年的一个关键项目是为艺术品经销商豪瑟沃斯创造花园和其他种植空间。豪瑟沃斯在英格兰西南部萨默塞特郡布鲁顿附近的一座旧农场建筑群中创造了一个画廊，该画廊在 2013 年开业。该项目的一个关键部分是画廊主建筑东侧占地 6000 平方米的花园。豪瑟沃斯的委托已经成为奥多夫最重要的项目之一，主要是因为它所处的位置——一个公众可访问的地方，几乎挨着通往伦敦的铁路上的一座火车站，并且距离布里斯托尔很近，它是除伦敦以外英国最具活力和创意的城市。种植方案在画廊上方的一面缓坡上使用了 17 个弯曲且相连的苗床。底层土壤是重黏土。尽管皮特的确故意在较低区域种植了高比例的耐湿植物，但涝渍仍在数年时间里造成了问题。

豪瑟沃斯种植的影响主要基于令人想起早期项目的大型块状种植，一位同行称它是“皮特的精选之作”，但它也将皮特的多年生植物种植方法推广给一群广泛且有鉴赏力的公众。而且或许最重要的是，它强调了花园和种植设计的确是一种艺术形式。对于任何开设种植设计或植物选择课程的人而言，它都是极好的教学资源。该地区本身——基本由布里斯托尔市和巴斯市的边界限定——在 21 世纪初见证了人们对花园建造的兴趣大幅增加。画廊中的种植还促使豪瑟沃斯不定期举办与花园相关的系列讲座或活动。正是这种帮助提升花园建造地位的贡献，对整个园艺和景观行业具有潜在的巨大意义，也令该项目如此有价值。

大约在同一时间完成的另一个项目，是为伊丽莎白女王奥林匹克公园种植一条数百米长的“丝带”，伊丽莎白女王奥林匹克公园是 2012 年建造的奥林匹克公园的后继者。在那里，皮特的作品与奈杰尔·邓尼特和詹姆斯·希契莫为奥运会创造的种植离得很近，这两位来自谢菲尔德大学景观系的教授最近在可持续种植设计的研究上做了一些最具创新性的工作。2012 年，他们邀请皮特成为谢菲尔德大学的客座教授，并授予他荣誉学位。伊丽莎白女王奥林匹克公园项目饱受缺乏维护资金之苦，这是英国公共空间面临的典型局面，但毫无疑问的是，参与管理的公司非常尽职尽责，以高超的技巧和创造力充分利用了有限的资源。至关重要的是，这处种植令皮特的作品能够被广泛的人群欣赏。周围区域是欧洲社会阶层和种族最混杂的社区之一，而且当地的各个社群似乎都广泛利用公园娱乐休闲。

伊丽莎白女王奥林匹克公园是继伦敦的另一个公共项目——波特菲尔德，一个在 2007 年完工的小公园——之后整饬的。它坐落在泰晤士河南岸，在这里可以看到一代又一代人心目中伦敦的象征——塔桥，以及具有重要历史意义的伦敦塔。大伦敦政府聘请了景观设计公司格罗斯马克斯事务所来制定这个新公园的总体规划。作为该公司的负责人，荷兰人埃尔科·霍夫特曼邀请皮特加入，而且他说感觉他们“有一种亲近感，所以我们几乎不需要说话”。和许多当代公共景观项目一样，社区参与受到鼓励，这需要和当地居民大量交谈，收集他们对自己想要看到的景致的意见，并将这些意见纳入设计。不过，对于由当地公园员工运营的花园，最大的问题是维护——或者更确切地说是缺乏维护。皮特坚持要求，只有在它不受地方当局管理而是由信托管理的情况下，他才会做波特菲尔德的设计。最后通过协商，由一个人负责场地的照料和管理。

英格兰萨默塞特郡豪瑟沃斯画廊的一个花园，它依靠非传统步道为游客提供观看种植的不同视角

本页 ~343 页：萨默塞特郡豪瑟沃斯画廊的
不同季节

本页 ~347 页：英格兰的私人花园

位于伦敦的波特菲尔德公园

和豪瑟沃斯的联系是皮特受邀与阿尔瓦罗·德拉罗萨·毛拉（Álvaro de la Rosa Maura）合作，为西班牙巴斯克地区的奇利达勒库博物馆做种植设计的一个原因。这个博物馆专门收藏和展览雕塑家爱德华多·奇利达（Eduardo Chillida，1924—2002）的作品。博物馆的常务馆长米雷娅·马萨格（Mireia Massagué）描述了这座2000年开放的博物馆如何需要进行"一场更新，看看我们可以添加什么令它成为一个21世纪的博物馆，专题博物馆的挑战在于重新发明自己，以及如何不断吸引人们并引入新的艺术类型……博物馆里的自然很重要，所以我们想请皮特……我们请他过来和奇利达一家见面，他们相处得很好……奇利达本人如果在世的话，也一定很乐意见到他……于是，我们委托皮特在入口区域做一些种植"。在博物馆的部分室外场地中，奇利达的作品融入自然环境，但同样重要的是，米雷娅评论道："艺术品值得拥有属于自己的空间，皮特的作品也一样，他的花园是独一无二的体验，所以它没有和任何别的东西混在一起。"

其他博物馆项目涉及荷兰的两个博物馆，分别是2016年完工的瓦瑟纳尔的福尔林登博物馆（一个当代艺术中心），以及拉伦的辛格博物馆，后者收藏了威廉·亨利·辛格（William Henry Singer，1868—1943）和他的妻子安娜（Anna）的藏品。这两个项目都结合了群体种植和一些基于矩阵的种植，特别是对秋蓝禾的使用，它已经被证明是用于此目的的所有禾草中最有用的。这个物种生长速度适中，因此对混植中的其他物种没有威胁，而且叶片颜色较浅，是多年生植物的良好背景。辛格博物馆的种植在2016年完成，使用多年生植物取代了一块草坪，对授粉动物有益被视为这样做的部分原因。2018年，这个博物馆将每年一度通常授予优秀艺术家的辛格奖授予皮特，并指出："我们认为皮特·奥多夫是一名艺术家……他以大地为画布，用开花的多年生植物、灌木和乔木为自己的作品着色。"与皮特长期合作的克利米·施耐德参与了这个项目，她每年来项目场地大约有6次。"荷兰的园丁并不总是熟悉多年生植物种类，或者如何以自然的方式使用植物，"她说，"因此，咨询方面的支持会很有用。"

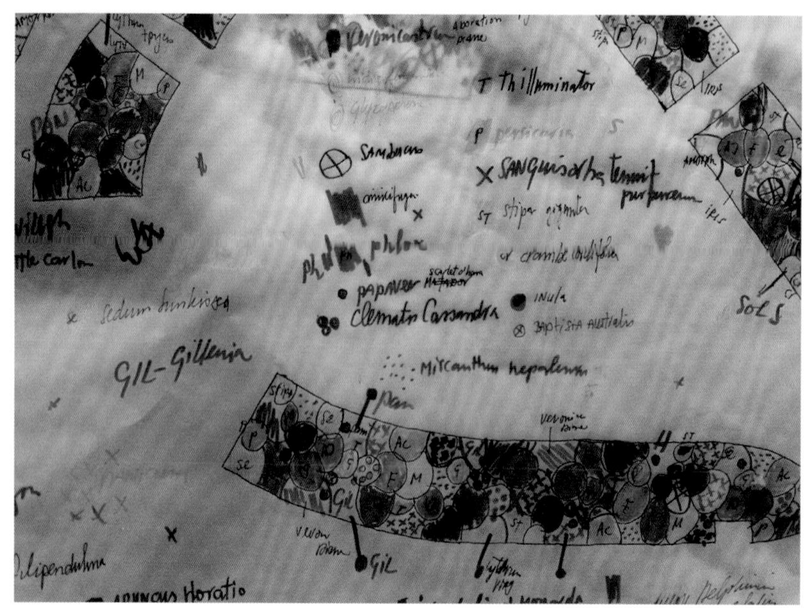

本页 ~353 页：伦敦伊丽莎白女王奥林匹克
公园的规划和实现

克利米·施耐德是一位独立花园设计师，她在2002年第一次见到皮特，当时她正在和杰奎琳·范德克洛特还有海因·科宁根一起在荷兰国际园艺博览会上做一个花园。她从此开始为皮特做一些制图工作，“尽管当时我对植物一无所知”，她回忆道。后来，安雅请她在他们出去度假时过来照看苗圃，这是一项需要信任的任务。随着时间的推移，她参与了奥多夫的许多项目，通常是规模较小的项目或者长期联络很重要的项目，例如辛格博物馆。

皮特在21世纪第二个十年最重要的项目之一，是为特拉华植物园做的种植。2011年，一群当地居民聚集在一起寻找场地，想要建立一个兼具娱乐和教育功能的公共花园，并清晰地突出本土植物。和许多此类项目不同的是，不存在富有的赞助人，取而代之的是一群强大的公民，他们相信自己可以用最少的资源实现和维护一座公共花园的开发。在撰写本文时，这个花园有3名全职员工和大约200名志愿者，令它成为一项真正的社区事业。芭芭拉·卡茨（Barbara Katz）接洽了皮特，然后他见到了园艺主管格雷格·泰珀（Gregg Tepper）。花园的主席雷·桑德（Ray Sander）描述了2015年与皮特的第一次会面。“我们发现他非常平易近人，很容易打交道，”他回忆道，“而且他的报价不高，这让我们感到惊讶。”花园的总体规划需要一个引人注目的中心部分，而奥多夫的种植似乎是理想选择。花园的大部分面积将被自然或半自然栖息地占据。因此在吸引公众方面，将设计感更强的东西作为中心部分是有意义的。

这处占地2.5英亩（约1万平方米）的种植被称为“草地花园”（The Meadow Garden），包括约85%的本土物种，高于其他美国项目，但对于一座专注于当地植物群的植物园而言是适当的。大部分种植区域使用矩阵种植，其中有三个禾草物种单独用作矩阵元素：异鳞鼠尾粟、垂穗草（Bouteloua curtipendula）和帚状裂稃草（包括两个品种）。这种植物使用方式在某种程度上创造了一种风格化的天然草原外观，所用植物物种和品种的数量或许少于皮特的典型种植项目，但这会突出自然的外观。关于当地

荷兰瓦瑟纳尔的福尔林登博物馆

荷兰拉伦的辛格博物馆的花园

特拉华植物园

本土植物的使用建议最初由雷格·泰珀提供，随后来自他的下一任园艺主管布赖恩·特雷德（Brian Trader），以及其他当地顾问。种植的部分目的是为授粉动物和鸟类提供支持，因为花园位于一条主要的南北迁徙路线上。

草地花园分三个阶段种植，并始于 2017 年 9 月。根据雷·桑德的回忆，罗伊·迪布利克在地面上喷出标线以指示种植区域，而志愿者们进行放样和种植。拉莎·劳里纳维切涅（Rasa Laurinavičienė）是在第二阶段（2018 年春季）帮助种植的志愿者之一，当时一共放样并种植了 17 000 棵植物。拉莎是在她的家乡立陶宛推广多年生植物的领军人物，而且非常积极地在社交媒体上报道自己的旅行，她专门来特拉华州帮忙并待了一周。她报道了"如何将设计转移到预先准备好并铺设了护根的土壤上，将图案转移到地面上……皮特只喜欢少数人为他做这件事，这次是罗伊·迪布利克和奥斯汀·艾沙伊德（Austin Eischeid）"。施工组织至关重要，拉莎指出："植物是使用旗标系统分配的。我无法想象在不使用它们的情况下做这么复杂的设计。"这里说的旗标是经常出现在建造或景观施工现场的彩色小塑料旗。就我个人而言，我也认为它们非常有用，并惊讶于它们的使用似乎仅限于大西洋的另一端。

"一共有大约 100 名志愿者，"拉莎回忆道，"大多数人负责搬运和种植植物，并不认识这些植物。所以，像我这样的人会派上用场。因为我们认识这些植物；我们充当场上队长。""那里的气氛很好，"她还记得，"给我们租了一个大房子，团队和主要志愿者住在里面，还提供餐饮，我们的一切都有人照顾……皮特在快到周末时过来了。他也住在那里，所以建立了很多联系——当时他在美国底特律做一个新的花园项目，那里的人也过来了，来学习如何种植。"

另一段关于放样的回忆来自贝蒂娜·尧格施泰特，一位德国花园设计师，也是多年生植物应用领域的领军人物，特别是在针对特定场地开发混配植物组合方面。维特拉（Vitra）是一家瑞士家具公司，在德国南部的莱茵河畔魏尔开设有生产设施。他们在那里的园区以当代首屈一指的建筑

师的作品闻名：例如，消防站是扎哈·哈迪德设计的，而且这里还有一座出自弗兰克·盖里之手的设计博物馆。因此，添加一座奥多夫花园看起来无疑是一件自然而然的事情。皮特在 2018 年接受了在园区内创造一处大规模种植的委托，但施工日期落在了 2020 年春季新冠感染疫情流行期间。皮特无法前往现场，于是，他请贝蒂娜为他监督种植过程。

这个项目涉及 3 600 平方米的土地和 32 000 株植物。贝蒂娜描述了施工过程："首先铺设一个网格，每个方格边长 2.5 米；然后承包商标出种植区域。他们真的充满热情，工作做得又好又精确。"但是，"两个人用了 6 天的时间画线"，网格"被保留到种植前的最后时刻，因为它非常有助于你在大面积种植中找到自己的位置。它会告诉你，你还需要带一些水甘草或别的什么到第十格去"。然后将植物放样，种植本身在有些日子里每次需要 13 个人，每人每天平均种下七八百棵植物。"花了两周的时间，"贝蒂娜报告说，"期间天气变化很大，有些天非常热，有些天下了很大的雨……两周之后，我们已经不想再看到多年生植物了。"

布置如此复杂的种植的关键是植物的放样。维特拉项目包括四个不同的种植方案：两个是矩阵种植方案，另外两个是非常多样化的群体种植。贝蒂娜的观察是，"矩阵种植容易得多，也快得多，因为每个方案只有 12 到 16 个物种，一个方案基于鼠尾粟属，另一个方案基于蓝禾属"。她观察到，"群体种植复杂得多，它们在平面图上看起来容易，但它们包括单株植物、小群体、更大的群体，还有一到两平方米的大种植块，后者有的只有一个物种，有的是两个物种的混合，而且这两个物种的比例并不总是同等的，所以必须均匀排列"。

将皮特的作品加入维特拉园区，是对他作为重要设计师与重要建筑家平起平坐的又一次认可，当然，也是种植设计的巨大胜利。类似的认可来自伦敦皇家马斯登医院玛吉医疗中心的花园设计委托。玛吉医疗中心是包含多个医疗中心的支持网络，服务于癌症患者及其护理人员，并且与英国国民医疗保健服务体系下的医院有联系，但不由这些医院运营。它以景观设计师玛吉·凯瑟克（Maggie Keswick，1941—1995）的名字命名，是她的丈夫、建筑评论家和文化评论员查尔斯·詹克斯（Charles Jencks，1939—2020）的倡议。这些医疗中心常常由杰出的建筑师设计，有时包含花园；丹·皮尔逊为位于伦敦查令十字街（Charing Cross ）的玛吉医疗中心创造了一个花园。

有一项不同寻常的委托来自哥本哈根受到高度评价的诺玛餐厅。在那里，一处狭长的空间种植了群植多年生植物。一个区域被指定用于“快闪”种植，每年都会有所改变，由皮特提出建议并与克利米·施耐德合作完成。对于以作品的稳定性和超常持久性而闻名的皮特而言，这个区域就像是一种背离，其中可以种植可观赏的蔬菜和香草、一年生植物和大丽花。也许不足为奇的是，大丽花是单瓣的而不是重瓣的。这可以看作是对一年生植物和夏季临时植物进行的广泛重新评估的一部分，它们长期以来只与一种僵化且不可持续的风格联系在一起，这种风格自 19 世纪以来已经持续了太久。在 20 世纪 80 年代帮助对一年生植物进行重新改造的罗伯·利奥波德在天有灵，对此也会感到欣慰的。

合作者

如果没有合作者，很多项目会是不可想象的。“如此重要的设计师，在没有办公室团队支持的情况下运作是很不同寻常的。一般情况下，处理大型国际项目的设计师，会有 4 到 5 名符合资质的设计师来负责细节和实施。但皮特没有这些，”克里斯·马钱特（Chris Marchant）说，“所以，他更多地以远程操控的方式工作。他需要用自己信任的人来坚持他的理念和框架，这些人是能够将他的项目付诸实施的人。”多年来，皮特建立了一个横跨大洲的小型合作网络，参与其中的人可以满足这些要求。

克里斯·马钱特和托比·马钱特（Toby Marchant）在 1986 年至 2019 年间创立并经营沙丘果园苗圃（Orchard Dene Nurseries），为景观和花园

伦敦皇家马斯登医院玛吉医疗中心的花园

丹麦哥本哈根诺玛餐厅一处生气勃勃的种植

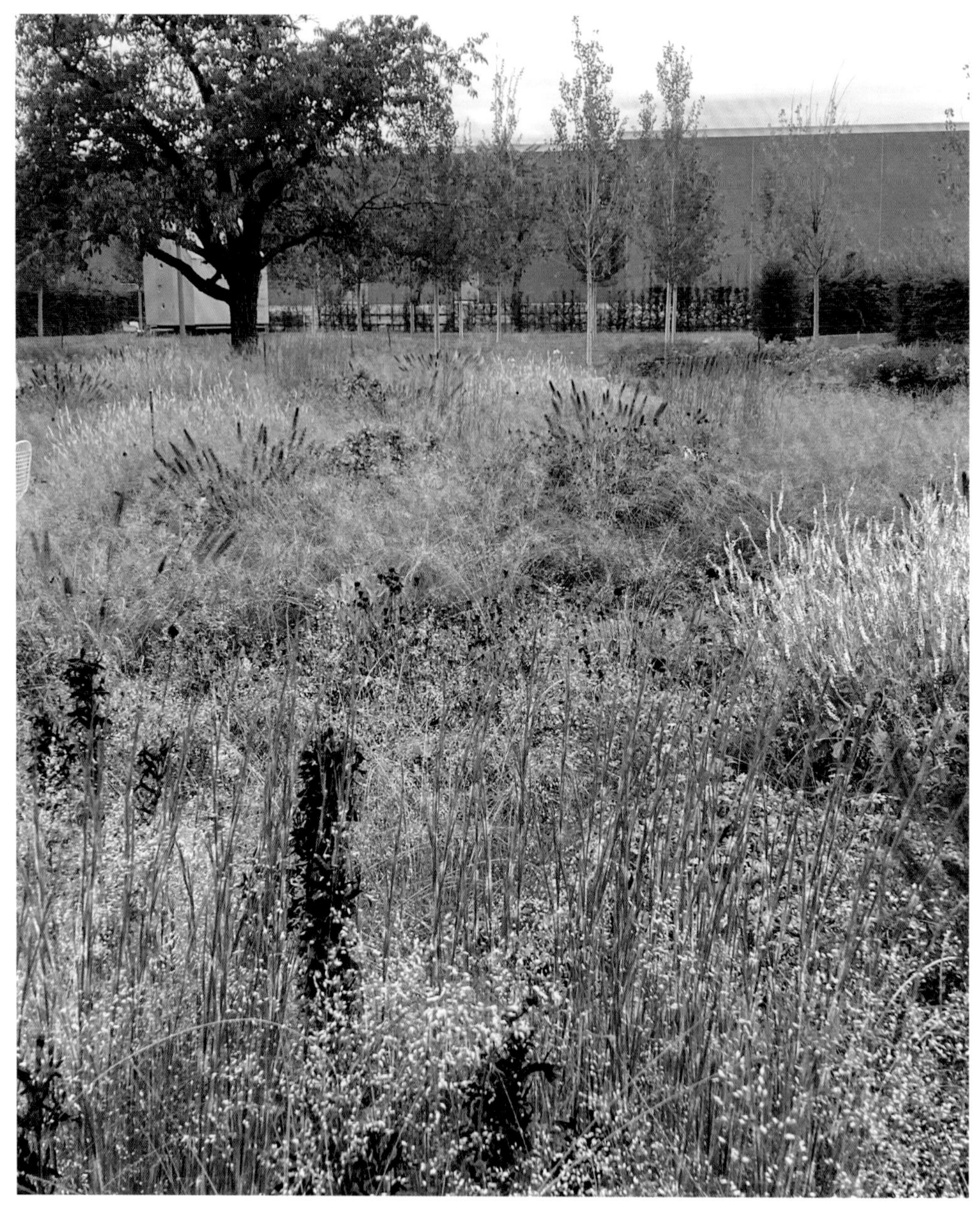

本页 ~369 页：德国莱茵河畔魏尔的维特拉园区

设计师生产植物。他们是英国第一家生产皮特及德国和荷兰设计师们正在使用的各种植物的批发苗圃。在与皮特合作完成了一些较小的种植方案后，他们承包种植了萨默塞特郡豪瑟沃斯画廊花园中使用的所有植物。克里斯和托比与当地景观设计师合作管理这个项目，并在 3 个月的时间里监督植物布置。

“皮特称呼我们是他在英国的合作者，”克里斯说，“这意味着在早期阶段，我们会参加客户会议。皮特会确定将要使用的植物调色板，并为关键种植区域准备比例图。我们负责植物采购，与他保持联系，以确保没有信息‘在翻译中丢失’。他更喜欢使用种在 9 厘米花盆里的植物，而满足这个条件的一些种类很难在英国大量采购。”克里斯强调，“使用种在 2 升或 3 升花盆里的植物（如今在英国几乎是常态）不利于实现敏感的、混杂的植物群落，而这是皮特作品的核心所在 . 正是织锦般的种植，让他的作品如此生动且令人兴奋。”

马钱特夫妇曾与皮特合作种植伦敦皇家马斯登医院的玛吉医疗中心，他们负责采购所有植物，并使用一个小团队进行布局和种植，并参与完工后的维护。正如克里斯解释的那样：“有必要削减一些自播植物，限制长势更茁壮的种类。皮特的种植一定是动态的，这是它们如此吸引人和令人兴奋的原因，而合作者有责任根据最初的愿景监控和指导维护工作。”

皮特的新项目包括为英格兰东南部的一位私人客户做的种植，这位客户受到豪瑟沃斯花园的启发，为自己的方案寻求同样的苗圃和项目管理安排。这个项目于 2017 年启动，如今仍在继续演变。“皮特每年去两三次，跟客户见面并制定正在进行的规划，”克里斯解释道，“有时，一张手绘图会在和皮特的谈话中问世，它可能是某个新区域的框架。我们有时自己布置植物，而皮特会在后续过来时检查，并在必要时调整种植块的间距或大小，或者可能会确定某个植物群内需要更高的高度。皮特的鲜明特色始终存在于种植中。”

汤姆 · 德维特是一位与皮特合作过多次的年轻同事。他在青少年时期就是热忱的园丁了。“我从 12 岁起就熟悉种植平面图。”他说，“我第一次听说皮特·奥多夫是在17岁的时候，然后在我拿到驾照几个月后，我借了我妈的车，开车去了许默洛。我开了3个小时，这对我来说是一段相当长的旅程。”他在苗圃贸易以及园艺和设计的中心博斯科普学习，然后在比利时从事景观设计工作。“从2000年起，皮特让我协助他完成项目，例如爱尔兰的西科克花园。”汤姆回忆道。多年来，汤姆的贡献不断增加，但正如他所说，“很难定义我的角色”。汤姆继续说道：“皮特起领导作用，因为他对如何体验事物有清晰的概念。他首先制定总体规划。我们一起讨论，他完成最终方案，然后我放入AutoCAD[1]中生成图纸。他还会让我参与部分种植工作。”汤姆还充当项目经理，“我是和承包商讨论土壤准备等事宜的人，我还和当地景观施工人员讨论获取植物的问题。在很多时候，我是他在现场的耳目，而且我还经常做布置植物的工作”。

皮特目前的创新程度如何？汤姆是一个很好的打听对象。“看起来他好像在重复自己，”汤姆说，“在某种程度上的确如此，因为这是一种非常成功的方法，但他永远不可能复制粘贴。他总是热衷于使用新植物，或者以不同方式使用旧植物。在10年前，你能相信皮特会在花园里使用一年生植物吗？现在他这样做了，至少使用了那些看起来更自然的种类，用于在头几年里填充空旷的空间。”

欧洲大陆的大型项目常常由荷兰公司三角群（Deltavormgroep）的景观设计师耶勒·贝内马（Jelle Bennema）和迈克尔·乌尔斯（Michael Huls）处理，这家公司一直比大多数其他公司更多地参与植物设计。“我们还监督项目技术开发和植物采购”，耶勒说。有时这家公司会和克利米·施耐德合作，参与到维护中去。“可能很难说服客户，让他们相信需要有人监督维护工作，”他说，“但我们相信皮特常说的那句话，‘施工完成后园艺才开始’，所以，我们尝试说服他们考虑这一点。”耶勒观察到，“与皮特的合作影响了我们在公司的工作方式。我们现在做的种植设计比

[1] 一款绘图工具软件。——编者注

植物比例

PLANT PROPORTIONS

皮特·奥多夫的种植为什么效果这么好?

我们已经在“块状种植”(第 286 页)中略微探讨了一下这个问题，并且已经注意到奥多夫种植中巨大的，或许是反直觉的多样性。大量植物品种处于同一个非常强烈的主题之下，特别是野生植物物种的比例，例如不使用花朵硕大的高度杂交品种。

另一点是，所有个体植株中大约 20% 是禾草，此类植物的花和种子穗提供了一个长期的结构性趣味。很多禾草的颜色也很浅，可以提供很高的“色调深度”，即明暗之间的范围。观察这一点的一种方式，实际上也是观察植物结构的一般方式，就是把照片调成黑白的；优秀的种植设计在单色下看起来仍然很好，而五颜六色的花境看起来常常像一锅粥。黑和白强调结构，但也强调黑暗和光明之间的范围。禾草对这种色调深度贡献很大，尤其是在秋季和初冬，此时它们的茎秆干枯成浅秸秆色，与大多数多年生植物形成了鲜明的对比，后者干枯后的颜色更深。

一个可供详细分析的好例子是乌得勒支马克西马公园(Maximapark)的弗林德花园。这个项目(完成于 2013 年)是一个有趣的“公民委托”的例子；当地居民马克·基克特(Marc Kikkert)在 2008 年左右就有了建造一个皮特·奥多夫花园的想法。“我知道他在英格兰、纽约和芝加哥的作品，我想，‘我们为什么不在荷兰拥有一个皮特·奥多夫设计的公共花园呢?’……这就是我的使命：分享他的艺术作品，在荷兰打造‘花园中的伦勃朗之作’。”马克找到了当地乌得勒支——位于荷兰中部——的市议会，并提议城外的大型新公园马克西马公园将会是很好的位置。种植由志愿者实施，他们在维护中也发挥了重要作用。

如果我们查看一个物种在花境中被使用的次数，将它们的出现频率输入电子表格并分组，我们就能看出三个有粗略定义的群体。第一个群体是出现在大多数花境(至少是那些开阔向阳处的花境)中的物种。这些物种具有很强的结构性，而且在漫长的生长季中外观良好，例如蓝星水甘草和白花赝靛，这两种植物都有良好的花朵结构，叶片的吸引力可以持续到秋天；这 21 个物种约占植株总数的 40%。然后，是出现在三分之一到一半的花境中的物种；这些植物的长期结构或吸引力明显不如前者，例如“旋涡”多枝千屈菜（*Lythrum virgatum* “Swirl”，开花之前不显眼，种子穗一般）或“红茎”景天（*Sedum* “Red Cauli”，直到开花末期才有趣味，但有一流的冬季种子穗）。最后，是出现在不到三分之一花境中的物种：这是一个混合的群体，有些花期或夏季叶片很好，但除此没有什么趣味，有些在开花之后明显不美观。

弗林德花园由数量相对有限的强结构性物种主导；它们的存在可以令较小范围内出现大量的多样性，而不影响“全局”。真是一堂有用的设计课！

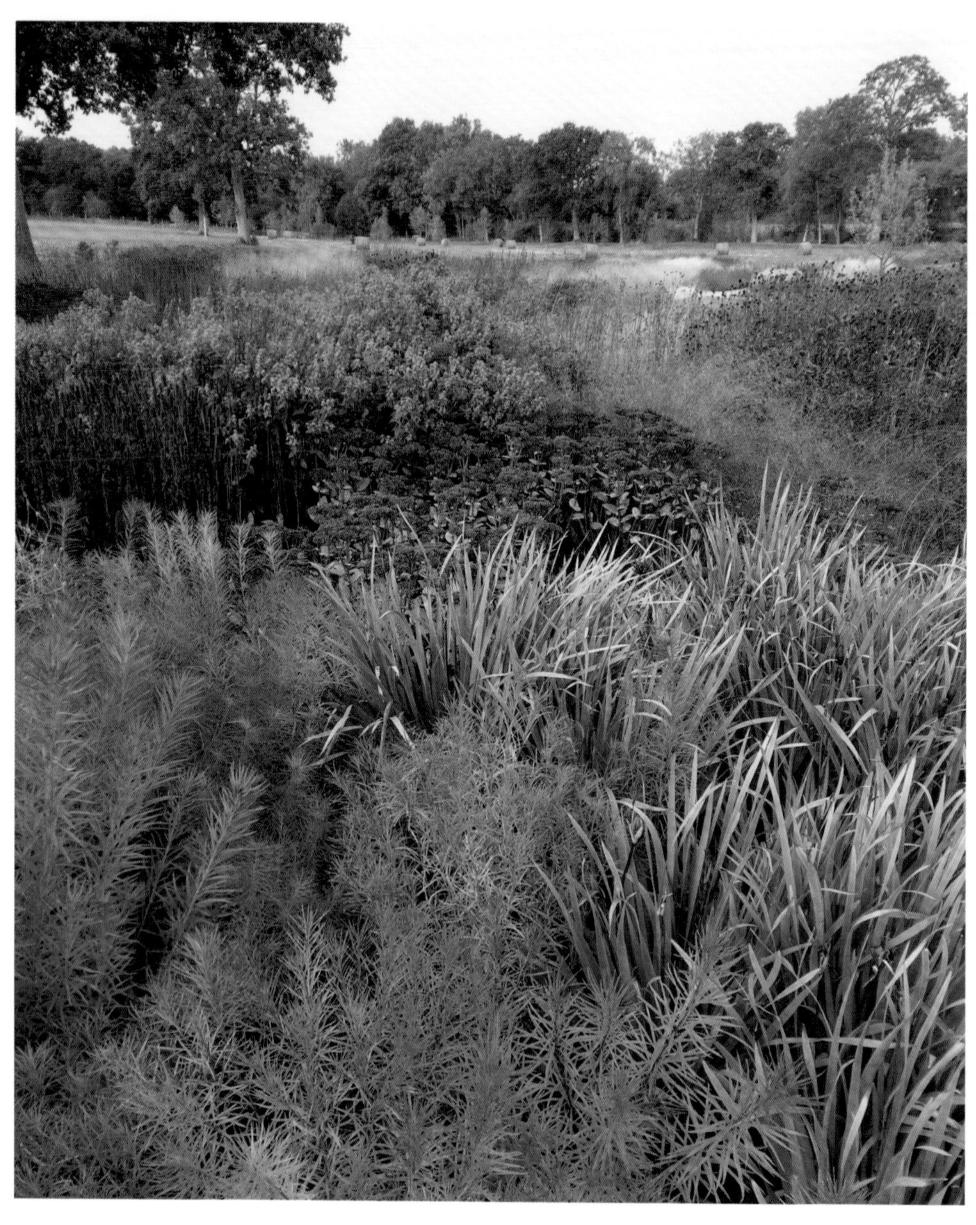

英格兰的一个私人花园

以前多得多，而且我们从他那里学到了很多东西。他一生都在跟植物打交道，所以和他一起工作是一种学习经历”。对于皮特更广泛的影响，他认为：“皮特对荷兰景观界产生了巨大影响，尽管他一开始只是被当作一名花园设计师，但种植设计的重要性如今得到了更多认可。”

在远离家乡的美国，皮特越来越多地依赖同事帮助他实现项目：罗伊·迪布利克就是其中之一，除此之外，还有和他同在芝加哥的奥斯汀·艾沙伊德，以及纽约的汉娜·帕克（Hannah Packer）。自 2014 年以来，除了忙于自己的花园设计项目，奥斯汀还为皮特做了 3 到 4 次植物布置。“我参与的第一个项目位于奥马哈地区，”他回忆道，“我以志愿者的身份参加，这段经历太棒了。他站在我身后，告诉我植物在野外是什么样子，以及他为什么要按照自己的方式放置植物。这些都深深印在我的脑海里，而随着他更适应这种管理系统，他会让我们布置更大的项目，这可以让他接受和完成更多的项目。他来到美国，可以去 3 个而不只是 1 个项目现场：比起在一个项目上花 2 周时间，现在他只需要在最后 3 天赶过来就行了。”奥斯汀描述了这个过程：“我在地上画线，确保正确的植物去往正确的地方。我先布置散布植物，然后是群植植物。”奥斯汀还参与植物的采购，面临的是植物设计工作不可避免的一个内在问题：植物可用性。“我只能使用我能够得到的东西，但是我和迪布利克相距不远，这很有帮助，因为他似乎总是藏着一些秘密存货。”他对中西部的苗圃行业持乐观态度：“很多人都在追赶潮流，有一些几年前我压根不会看的苗圃，现在正在种植很好的植物。”

奥斯汀·艾沙伊德和罗伊·迪布利克在帮助皮特实现底特律奥多夫花园的过程中发挥了重要作用，那里的种植是在 2020 年夏末完成的。这座城市因其经济基础的崩溃、废墟和城市废弃而臭名昭著，但也越来越多地因为这些问题的创造性解决方案而闻名。实际上，旺盛的创造力一直是这座城市精神内核的重要组成部分。底特律的建筑遗产确实令人惊叹，而这个花园可以看作该传统的一部分。它坐落在贝拉岛（Belle Isle）

贝拉岛上的底特律奥多夫花园开始建设

一座历史悠久且深受喜爱的公园，由以建造中央公园闻名的弗雷德里克·劳·奥姆斯特德（Frederick Law Olmsted）在19世纪80年代建成。由于底特律市破产，这个公园在2013年被密歇根州政府接管。州政府投入了很多资金，而且作为州立公园，它的未来似乎很有人气和保障。建设奥多夫花园的提议来自密歇根花园俱乐部（Garden Club of Michigan）。俱乐部主席毛拉·坎贝尔（Maura Campbell）想将花园委托给皮特设计，但是通过皮特的个人网站上的联系方式没有联系到他，于是给他发了“一封老派的情书”，请他考虑和他们一起做一个项目。项目负责人梅雷迪思·辛普森（Meredith Simpson）很快意识到，并不是每个人都听说过皮特·奥多夫，甚至在花园俱乐部也是如此。“但是只要提到高线公园，每个人马上就明白了。”她说。他们放映托马斯·派珀的电影《五个季节》吸引了1000名观众，大张旗鼓地拉开了筹款活动的序幕。

项目方很早就和卢里花园的管理团队取得了联系，他们和底特律团队有效合作，分享了他们为这样的大型项目筹款的所有相关信息。拨款的批准相对较快，然后当地景观设计公司现场设计（Insite Design）被选中管理这个项目。整个建设过程很具有挑战性，因为来自底特律河的洪水，意味着花园的拟建区域不得不比一开始期望的垫得更高。附近的道路排水预计会引起进一步的积水问题，于是皮特正在设计一个雨水花园作为排水方案的一部分，其中包括一个种植矩阵——由禾草秋蓝禾及两种莎草科植物白色薹草（*Carex albicans*）和蒙大拿薹草（*C. montana*）构成——以及耐偶尔水淹的多年生植物，如美国山梗菜（*Lobelia siphilitica*）和铜红鸢尾（*Iris fulva*）。事实上，整个场地的设计受到水从一侧流向另一侧的影响，长长的花境以直角对齐，令人想起此前洪水期间的水流方向。

许默洛：设计之外

2010年秋天，皮特和安雅决定关闭许默洛的苗圃。它最初的功能是为设计工作供应植物，但此时皮特作为设计师的成功已经刺激了如此多的

本页：许默洛的苗圃区，背景是奥多夫的工作室建筑

第 382~387 页：许默洛花园的更多景色

批发苗圃种植他的植物种类，他们就不再需要自己种植物了。荷兰的其他苗圃，以及数量越来越多的德国、比利时、英国和法国苗圃，已经担负起提供难以寻找的最新植物的任务。奥多夫家花园的很多访客也是有组织地组团来的，他们往往只会买很少的植物，甚至一株植物也不买。安雅认为，她最好把时间花在组织和主办越来越多的这种团体参观上——许默洛此时基本上是有组织的荷兰和北欧花园团队旅游环线上的重要一站。

然而，苗圃的移除为皮特提供了一大片空地。我清晰地记得 2011 年 4 月的某个时候，我来到许默洛并在这里度过了周末；春日阳光洒在苗圃突出区域曾经所在的地方。在那个周末，皮特种了 20 多株“卡尔·弗尔斯特”拂子茅。那年秋天，当我再次到访的时候，整个区域已经被改造成了草地，禾草之间点缀着各种晚花多年生植物。这些多年生植物是种植的，而“禾草”是播种本土野花草地混合种子的结果。皮特说，他想创造一些维护要求低，而且比他之前做过的任何种植都更野性的东西。它的随机性已经超出了设计的范畴。

虽然它看起来很不错，但我忍不住好奇的是，这些多年生植物还能在禾草的竞争下活多久。自从 1870 年威廉·鲁宾逊（William Robinson）写了他那本鼓舞人心、引起论战——但主要是在理论上——的书《野生花园》（*The Wild Garden*）以来，让观赏多年生植物从野花和禾草中长出，从而创造出某种“超级草地”的理想已经存在很长时间了。包括我在内，很多人曾尝试创造出这样的东西，却发现欧洲西北部常年湿润且令植物的生长季漫长的气候，令野生禾草生长得如此之好，以至于它们最终闷杀了多年生植物。詹姆斯·希契莫在苏格兰及英格兰北部的草地上开展了正规试验，得出的基本结论是，不值得劳费精力做这样的“超级草地”，因为基本上没有多年生植物能够与禾草共存。

然而，与此同时，皮特的多年生植物草地显然是一个巨大的成功。对于我们这些花了很大力气试图令这种种植风格发挥作用的人而言，这不禁令人自惭形秽，几乎感到尴尬。这些多年生植物全都形成了良好的株丛，花也开得很好，尽管株高比在栽培环境下要矮。禾草野花混合形成了茂密的草皮，但禾草比例相对较低。实际上，其中很大一部分是千叶蓍。它的生物多样性非常高——即便仅仅是作为野花草地，它也是令人钦佩的。

我原本以为，这片草地的沙地外观表明土壤在相当深度以内都是疏松和贫瘠的。显然并非如此，不过答案可能仍然在土壤中；谢菲尔德大学的生态学家肯·汤普森撰写了大量关于花园中生物多样性的文章，他坚持认为，土壤中的低磷含量似乎与野花的多样性有关。通常被认为导致禾草过度茂盛的氮可以迅速从土壤中流失，但磷不会。

多年生植物草地是一个胜利，也是一项宣言。开始于建构驱动的几何图形，逐渐向越来越野的趋势发展，皮特的种植方法如今正在探索的东西，感觉像是文化和自然的终极综合体。皮特提醒我，如何做到这一点是“许多年前，与罗伯·利奥波德和亨克·格里森的那些讨论”的主题。

在那次造访中，我并不知道花园里最有“文化气息”的一个方面即将消失。多年来，皮特和安雅的花园无数次出现在杂志文章和图书中。摄影师和读者喜爱多年生植物、禾草和种子穗，但他们无法将相机从前花园后部的窗帘状红豆杉树篱上移开。在一段时间之后，这个创新、简单且极具戏剧性的元素开始变得有些陈腔滥调。

洪水和随之而来的根部死亡、真菌感染令红豆杉区块遭受了沉重的损失。2010年8月，该地区被将近20厘米的洪水淹没；与冬季休眠期相比，

发生在生长季的内涝往往会给植物带来更多麻烦。到秋天时，红豆杉开始变成褐色，于是在 2011 年 5 月，皮特请来一个带着树枝粉碎机的承包商把它们全都清理掉。皮特承认，它们已经变得陈旧。他也非常清楚，它们被复制了太多次——而且常常复制得很没有水平。没有了它们，花园看起来很不一样，在某种程度上更像一座英格兰下沉式花园。它看起来是一个更加自我封闭、更加内向的世界。我想念这些树篱，但与此同时我现在也能看出，它们此前也许有些扰乱视线。如今，许默洛的焦点显而易见是多年生植物。

树篱的消失并不合每个人的意。“有一天，两个人在我们房子周围走来走去，”皮特回忆道，“他们来来回回地走，我注意到他们并没有观看种植。我过去问他们要不要我帮忙找什么东西。他们说，他们从布鲁塞尔远道而来，就是为了看他们在《景观中的景观》一书中看到的绿篱。我告诉他们绿篱死了，但是还有很多其他东西可以看。他们感到既震惊又失望。他们是开了 2 个半小时的车来看绿篱的。他们没有再看看四周，直接坐进车里开车走了。”

我在自己的博客上发表了一些关于失去这些树篱的内容。总体而言，回应的人都是积极的，留下的评论包括“改变是好的”“树篱起到的唯一作用是让花园看起来更英式，如果你追求的是这种效果，那很好。对于我们其余的人，对大英帝国的任何重大背离都很棒”“改变是好的。它带来痛苦、焦虑和机会。皮特是我的英雄”。[5]

当许默洛的花园在 2018 年 10 月底对来访者关闭时，一个时代结束了。皮特和安雅从未打算让他们的花园成为一个游客目的地，但这不可避免地发生了。多年以来，偶尔有大巴车加入乘坐小汽车的私人访客之列。然后，大巴车越来越多。安雅接待来访者并充当迎宾，总是欢快又热情。然而，这里的停车空间很小，而且相对较窄的乡村道路不是为大巴车设计的。在这种情况下，有的人可能会选择开一家咖啡馆兼商店，但奥多夫一家重视他们的隐私，而且无论如何他们从未计划过这一切。在 1982 年的时候，皮特和安雅能够想到大巴车会在他们的车道排成一排吗？恐怕不会。他们希望这样吗？恐怕也不会！

谈到花园的开放，安雅说：“这是一件令人愉快的事，但我想在它成为一种压力之前结束它。”她在很大程度上仍然充当皮特的私人助理，但她指出，不再负责花园开放“让我们有更多时间旅行，有时还能让我和皮特一起出行。我特别喜欢去豪瑟沃斯在西班牙和萨默塞特郡的画廊，他们都是很好的人”。

在十月的最后一两周，大约有100辆小汽车停在路边，人们要么是最后一次造访，要么是第一次过来看花园。“有点太夸张了，”安雅说，“但气氛很好。每个人都理解我们为什么要关闭花园。有人是从很远的地方过来的，所以我要确保他们能得到我们的照顾。”社交媒体上充斥着感激但常常饱含悲伤的帖子。在最后一周的早些时候，埃莱娜·莱斯热告诉我，在最后一天会发生一件非常重要的事。10月27日，星期六，荷兰国王威廉－亚历山大授予皮特“奥兰治－拿骚官佐勋章”，这个骑士勋章创立于1892年，旨在表彰为国家生活作出突出贡献的荷兰公民。用它来结束我们的故事或许很合适。皮特是如此勤奋地工作，以至于如今一个设计花园和公共空间的人可以被称作英雄，并享受来自祖国的荣誉，这颠覆了那句古老的谚语，“先知在自己的国度永远不被认可”。这就是进步，一个非常好的进步。

注　释

NOTES

许默洛，开端

1. 传统归化植物是以良性方式规划的本土植物——很多是球根植物。
2. 名称在每种语言中的含义不同；荷兰语名字可大致翻译为“走上花园小径”，德语名字的意思是“在邻居的花园”。
3. 引自 *Ernst Pagels, aus seinem Leben und Wirken*, Freundekreis uns Stiftung Pagels Bürgergarten, 2013, p. 6.
4. 今已改名为植物遗产（Plant Heritage）。

声名渐起

1. Jean Sambrook, “Visit to Holland Friday September 25th to Sunday 27th, 1987,” *Hardy Plant Society Newsletter*, 1987.
2. 今魏恩施蒂芬 – 特里斯多夫应用科学大学。
3. Geordie 指的是以纽卡斯尔为代表的英格兰东北部泰恩赛德地区（Tyneside）的一种方言，当地人也称自己是 geordie。当地口音和方言深受挪威语的影响，这是 1 000 年前维京人统治的遗存。
4. Charles Quest-Ritson, “Trentham Gardens,” *Garden Design Journal, Society of Garden Designers*, 2008.
5. http://www.lbp.org.uk/downloads/Publications/Management/making-contracts-work-for-wildlife.pdf
6. 今彭斯索普自然保护区。

7. “混合种植”（mixed planting）指的是2000年左右在德国和瑞士发展起来的一种种植风格，旨在通过使用随机化的混合植物种类来简化较大面积的种植。这些混合搭配基本上是由技术高校设计和试验出来的。

国际项目

1. 得克萨斯大学奥斯汀分校的伯德·约翰逊夫人野花中心（Lady Bird Johnson Wildflower Center）成立于1952年，旨在“增加对本土野花、植物和景观的可持续使用和保护”，其土地恢复计划（Land Restoration Program）积极地致力于将生态学知识应用于修复受损地区。
2. 位于荷兰奥特洛的一个富于创新性的大型当代美术馆。
3. 发草的主要问题在于，它在肥沃的土壤中往往短命，而且商用品种容易感染病害；在适当的环境中，该物种的遗传变异种群确实有潜力。
4. James Hitchmough, “The Wild Garden Revisited”, *Landscape Design*, May 1994.
5. 摘自对“Susan in de the Pink Hat”和“Catmint”两篇博客文章的评论。

致 谢

ACKNOWLEDGMENTS

安雅和我想要感谢这些年来一直支持我们、相信我们并鼓舞我们的所有人，尤其是：

早期的朋友和同事，其中一些人已经令人遗憾地不在我们身边。

同行种植者、植物从业者、景观设计师，以及建筑师。

客户、赞助人、园艺主管、首席园丁，以及园丁。和我在教育方面合作过的人。

从一开始就关注和支持我们工作的记者和摄影师。

最后，那些总是在许默洛的花园和以前的苗圃帮助我们的人。

皮特·奥多夫

当然，这本书是我与皮特本人合作的，他在自己的记忆和文章中搜寻信息、故事、植物名称，以及日期等恼人的东西。我还与安雅和皮特·奥多夫交谈，特别是关于许默洛的早期岁月。奥多夫一家的老朋友乔伊斯·于斯曼也是我了解这一时期的信息来源。

我第一次到许默洛是1994年，开拓岁月已经过去，但皮特和其他人仍在努力建立他的新种植风格的信誉。重温那些日子特别令人高兴，我也乐于跟老朋友和联系人交谈，例如弗勒·范宗讷维尔德、莱奥·登·杜尔克、维利·洛伊夫根和玛丽安·范利尔、斯特凡·马特松、埃娃·古斯塔夫松，以及厄热妮·范韦德。我尤其喜欢与约翰·科克和罗茜·阿特金斯追忆一些往事，前者为皮特提供了英国的第一个委托，而后者通过精彩而勇敢的《园艺画报》杂志，在将皮特推向英语世界的过程中发挥了至关重要的作用，这份杂志至今仍在继续支持皮特和其他创新设计师及植物从业者的工作。

此后的这些年里，关于皮特和新种植，我还与其他几位荷兰和德国植物从业者见面和通信：库恩·扬森、布里安·卡布斯、维尔特·纽曼（Wiert Nieumann）、克劳斯·特夫斯、汉斯·克拉默、埃尔科·霍夫特曼（Eelco Hooftmann），以及最近联系更频繁的克利米·施耐德、汤姆·德维特和耶勒·贝内马。斯塔内·苏什尼克是我在许默洛认识的，我一直都很喜欢他独特的斯洛文尼亚视角。我清晰地记得，第一次和埃莱娜·莱斯热见面是在许默洛——她当时是皮特和亨克的出版商，自那以后一直担任我们的经纪人；她一直是令人愉快的合作伙伴，当然她自己也是奥多夫故事的相关信息来源。

皮特的工作部分建立在德国花园遗产的基础上；感谢迪特尔·海因里希斯（Dieter Heinrichs）提供皮特在德国的主要联系人之一恩斯特·帕格尔斯的一些相关信息，也感谢迈克尔·金提供关于帕格尔斯的一些好故事。我还喜欢与德国目前首屈一指的花园创新者卡西安·施密特及贝蒂娜·尧格施泰特讨论皮特的工作。

在美国那边，我与科琳·洛科维奇、里克·达克、特里·冈和罗伊·迪布利克就皮特这些年的工作和在美国的经历进行了多次对话，特别是为了这本书与沃里·普赖斯、罗伯特·哈蒙德和凯拉·迪蓬（Kyla Dippong）有过多次交流。卢里花园的前园艺主管珍妮弗·达维特对种植后与皮特的联络过程贡献了独特的见解。

为了这本新版书，我与托马斯·派珀、雷·桑德、拉莎·劳里纳维切涅、奥斯汀·艾沙伊德、克里斯·马钱特和托比·马钱特以及梅雷迪

思 · 辛普森进行了有用的讨论。

在家里，我的妻子乔 · 埃利奥特（Jo Eliot）一如既往地给予我巨大的支持。我还非常感谢我拉来的一些人，他们帮我分析了皮特的一部分平面图：苏格兰的科林 · 麦克贝思（Colin McBeath）和埃利奥特 · 福赛思（Elliott Forsyth），以及圣路易斯的亚当 · 伍德拉夫（Adam Woodruff）。我特别感谢凯瑟琳 · 詹森（Catherine Janson）通读了草稿和评论。

最后，我要感谢那些已经不在我们身边的人，感谢他们为许默洛的故事提供的洞察力：已故且备受怀念的亨克 · 格里森、罗伯 · 利奥波德，以及詹姆斯 · 范斯韦登。

诺埃尔 · 金斯伯里

照片版权

PHOTOGRAPHY CREDITS

皮特·奥多夫摄影，以下图片除外：

炮台公园管理委员会（Battery Conservancy, The）：254~257

于尔根·贝克尔（Becker, Jürgen）：10

卡尔·布勒（Buhler, Karl）：12, 26

罗宾·J. 卡尔森（Carlson, Robin J.）为卢里花园拍摄：216, 224 右上, 225~229, 232~233

伊莫金·切基茨（Checketts, Imogen）：176~177

埃米莉·达尔比（Darby, Emily）：345 下

里克·达克（Darke, Rick）：384~385

玛丽安娜·佛伦摄影（Folling, Marianne Photography）：142~143

阿姆斯特尔芬市政厅（Gemeente Amstelveen）：5

珍妮弗·哈金斯（Harkins, Jennifer）：362

亨克·格里森基金会（Henk Gerritsen Foundation）：35~37

沃尔特·赫夫斯特（Herfst, Walter）：133 上 , 178 上和下 , 314 上 , 326~327

埃里克·黑斯默格摄影（Hesmerg, Erik Fotografie）：70 上，194~195

汉斯·范霍森（Horssen, Hans van）：373

贾森·英格拉姆（Ingram, Jason）：340 上，341 下，342~343

贝蒂娜·尧格施泰特（Jaugstetter, Bettina）：366~369

德克莱恩苗圃（Kleine Plantage, De）：42 上

哈姆的马克西米利安公园，布鲁泽·弗兰克（Bruse Frank）：287

阿尔然·奥腾（Otten, Arjan；myviewpoint.nl): 392~395

托马斯·派珀（Piper, Thomas）：338 上

瑞安·索森摄影（Southen, Ryan Photography）：376~377
米恩·吕斯缝合花园（Stichting Tuinen Mien Ruys）：31, 32
西贝·斯瓦特摄影（Swart, Siebe Fotografie）：276~277
格特·塔巴克（Tabak, Gert）：45
布赖恩·W. 特雷德博士（Trader, Brian W., Ph.D.）：357, 359

可参观的地方

PLACES TO VISIT

荷兰

勒弗霍夫德，鹿特丹（2010）

伊希图斯霍夫，鹿特丹（2010）

西码头，鹿特丹（2010）

弗林德花园，马克西马公园，Leidsche Rijn 区 (2014)

大池塘，吕伐登（2014 年种植）

福尔林登博物馆，瓦瑟纳尔（2016）

辛格博物馆，拉伦（2018）

德国

格雷弗里希公园，巴特德里堡（2009）

贝尔讷公园，博特罗普（2010）

马克西米利安公园，哈姆（2011）

瑞典

梦幻公园，恩雪平（1996）

港口滨海道，瑟尔沃斯堡（2009）

谢霍尔门的公园，斯德哥尔摩西南（2011）

宝石、少女和锁公园，哈尔姆斯塔德（2014）

英格兰

彭斯索普，费克纳姆，诺福克郡（2000，2009 年改动）

斯坎普斯顿庄园，北约克郡（2000）

特伦特姆庄园，特伦特河畔斯托克（2005）

波特菲尔德公园，伦敦（2007）

伊丽莎白女王奥林匹克公园南广场，伦敦（2014）

萨默塞特郡豪瑟沃斯画廊，布鲁顿（2014）

加拿大

植物园入口，多伦多 (2006)

美国

纪念花园，树丛，纽约（2003—2005），及自行车道花园，纽约（2011—2014），炮台公园，曼哈顿

高线公园，曼哈顿，纽约（2009—2019）

高盛总部，西街，曼哈顿，纽约（2009）

卢里花园，千禧公园，芝加哥（2001）

特拉华植物园，达格斯伯勒（2016）

奥多夫花园，贝拉岛，底特律（2020）

索 引
INDEX
（按汉语拼音音序）

A

阿恩·梅纳德 Maynard, Arne 203

阿尔纳普 Alnarp 91,140

阿拉贝拉·伦诺克斯－博伊德 Lennox-Boyd, Arabella 313

阿妮塔·菲舍尔 Fischer, Anita 137

埃尔科·霍夫特曼 Hooftman, Eelco 337,403

埃莱娜·莱斯热 Lesger, Hélène 33,389,403

埃里克·布朗 Brown, Eric 61,86,94

埃里克·斯普鲁伊特 Spruit, Eric 34,38

埃丽卡·亨宁格 Hunningher, Eric 153

埃莉诺·德科宁 De Koning, Elcanore 102

埃娃·古斯塔夫松 Gustavsson, Eva 106,140,141,146,148,402

埃瓦尔德·许金 Hügin, Ewald 66

埃沃尔·布克特 Bucht, Evor 140,141

艾伦·布卢姆 Bloom, Alan 50,51

艾伦·莱斯利 Leslie, Alan 105

爱丽泽亩 Elyseum 38

安德鲁·劳森 Lawson, Andrew 91

安德斯·温格德 Wingørd, Anders 93

安东·施勒佩斯 Schlepers, Anton 35,38,42,43,58,59,60

安和罗伯特·卢里基金会 Ann and Robert Lurie Foundation 218

安妮·范达伦 van Dalen, Anne 43

安尼施·卡普尔 Kapoor, Anish 313

安斯·利奥波德 Leopold, Ans 38

安雅·奥多夫 Oudolf, Anja 3,14,15,19,22,27,40,52,55,60,61,64,65,66,74,84,86,87,88,90,93,94,100,116,117,137,145,184,243,262,285,354,378,380,381,388,389,402

奥利维耶·德内尔沃－洛伊斯和帕特里夏·德内尔沃－洛伊斯 De Nervaux-Loys, Olivier & Patricia 86

奥林匹克公园 Olympic Park 337,350,408

B

巴特德里堡（格雷弗里希公园） Bad Driburg (Gräfliche Park) 287,312,313,314,407

“白花”柳兰 *Chamerion (Epilobium) angustifolium* “Album” 75

白茅 *Imperata cylindrica* 197

百子莲属 Agapanthus 189

包豪斯 Bauhaus 30,117,138,204

保罗·麦克布赖德和保利娜·麦克布赖德 McBride, Paul & Pauline 244

北杜伊斯堡景观公园 Landschaftspark Duisburg-Nord 289

北风多年生植物农场 Northwind Perennial Farm 220

“北欧”花园 “Nordic” gardens 4

北溪苗圃 North Creek Nurseries 101,163,329

贝蒂娜·尧格施泰特 Jaugstetter, Bettina 358,360,403,405

贝尔讷公园 Berne Park 211,313,407

贝丝·查托 Chatto, Beth 27,50,51,135

比阿特丽斯·克雷尔 Krehl, Beatrice 59

比尔·马金斯 Makins, Bill 179

彼得·基尔迈尔 Kiermeyer, Peter 296

彼得·科茨 Coats, Peter 313

彼得·卒姆托 Zumthor, Peter 316,324

彼得林登苗圃 Zur Linden, Peter 52,149

宾格登之家 Bingerden, Huis 70,137

滨紫草 *Mertensia virginica* 178,192

波尔宁 Bornim 48,85

波尔宁人圈子 *Bornimer Kreis* 48

波特菲尔德公园 Potters Fields Park 211,348

波特梅里恩 Portmeirion 101

伯恩哈德亲王文化基金 Prince Bernhard Culture Fund 333

伯里院子，汉普郡 Bury Court, Hampshire 125,126,132,134,165,189,203,328

博斯科普　Boskoop　39,371
布恩花园　Boon, garden　132,133,242,296,323
布雷辛厄姆花园　Bressingham Gardens　50
布里安·卡布斯　Kabbes, Brian　55,101,403
布丽塔·冯·舍耐希　von Schoenaich, Brita　120,134,137
布鲁克林植物园　Brooklyn Botanic Garden　304
布鲁明代尔小道，芝加哥　Bloomingdale Trail, Chicago　312
布卢姆斯伯里　Bloomsbury　88,90
“不锈钢”乌头　*Aconitum* “Stainless Steel”　75

C

C. P. 布罗尔瑟　Broerse, C. P.　4,5
CSR 理论（格里姆）　CSR theory (Grime)　288
DS+R 事务所　Diller Scofidio + Renfro　1,293
查尔斯·奎斯特－里特森　Quest-Ritson, Charles　138
查尔斯·莱加德爵士和卡洛琳·莱加德夫人（斯坎普斯顿庄园）　Legard, Sir Charles and Lady Caroline (Scampston Hall　179
檫木属　*Sassafras*　315
处女花园，威尼斯　Giardino delle Vergini, Venice　234,316
传统归化植物　*Stinze* plants　39
传统种植商团体　Traditional Growers Group (Groep Traditionele Kwekers)　101
垂铃草　*Uvularia flava*　192
刺金须茅　*Chrysopogon gryllus*　75
刺芹属　*Eryngium*　206,329
　硕大刺芹　*Eryngium giganteum*　206
　细裂刺芹　*Eryngium bourgatii*　329
翠雀属　*Delphinium*　44,48,86,182

D

DTP 景观设计公司　Davids, Terfrüchte + Partner　313
大迪克斯特庄园　Great Dixter　27
大油芒　*Spodiopogon sibiricus*　75,285
戴尔·亨德里克斯　Hendricks, Dale　163
丹·基利　Kiley, Dan　238
丹·皮尔逊　Pearson, Dan　100,138,325,361
丹·欣克利　Hinkley, Dan　102,103
丹尼尔·奥斯特　Ost, Daniel　102
当归属　*Angelica*　197
德布洛门胡克　Bloemenhoek, De　39
德克莱恩苗圃　Plantage, de Kleine　39,65,405
迪克·范登伯格　van den Burg, Dick　41
底特律奥多夫花园　Oudolf Garden Detroit　355,377
地榆属　*Sanguisorba*　75,160,163
　加拿大地榆　*Sanguisorba canadensis*　75
　“觉醒”地榆　*Sanguisorba menziesii* “Wake Up”　160
　“坦纳”地榆　*Sanguisorba* “Tanna”　163
蒂姆·里斯　Reece, Tim　120
东方罂粟　*Papaver orientale*　235
东威斯特伐利亚－利佩花园景观　Garden-Landscape East Westphalia- Lippe　313
短毛羽茅　*Achnatherum brachytricha*
堆心菊属　*Helenium*　52,75,234
　“金发女郎”堆心菊　*Helenium* “Die Blonde”　75
　“鲁宾茨韦格”堆心菊　*Helenium* “Rubinzwerg”　234
多年生植物展望会议（邱园）　Perennial Perspectives conference (Kew Gardens)　120,134,137,138,140
《多年生植物及其花园栖息地》　*Perennials and Their Garden Habitats*　103
《多年生植物手册》　*Perennial Plant Book, The* (*Het Vaste Plantenboek*)　14

E

厄梅范斯韦登景观建筑公司　Oehme van Sweden Landscape Architecture　49,93,218,220
厄热妮·范韦德　van Weede, Eugénie　70,402
恩斯特·帕格尔斯　Pagels, Ernst　48,52,54,55,105,

149,153,403
二裂叉叶蓝 *Deinanthe bifida* 75

F
发草 *Deschampsia cespitosa* 134,314,323,328,401
番红花属 *Crocus* 189
凡尔赛宫 Versailles 8
范埃尔堡印刷公司（萨森海姆） Van Elburg (Sassenheim) 85
分药花属 *Perovskia* 210
弗吉尼亚草灵仙 *Veronicastrum virginicum* 52,75,120,163,234
“阿波罗”弗吉尼亚草灵仙 *Veronicastrum virginicum* “Apollo” 163
“爱慕”弗吉尼亚草灵仙 *Veronicastrum virginicum* “Adoration” 75
“戴安娜”弗吉尼亚草灵仙 *Veronicastrum virginicum* “Diana” 52
“淡紫尖塔”弗吉尼亚草灵仙 *Veronicastrum virginicum* “Lavendelturm” 52
“诱惑”弗吉尼亚草灵仙 *Veronicastrum virginicum* “Temptation” 75
弗赖辛花园日 Freisinger Gartentage 137
弗兰克·劳埃德·赖特 Frank Lloyd Wright 101,219
弗朗西斯·林肯 Lincoln, Frances 138
弗勒·范宗讷维尔德 van Zonneveld, Fleur 34,38,42,402
弗林德花园 Vlinderhof 137
福尔林登博物馆 Voorlinden Museum 349,355,407
福禄考属 *Phlox* 48,52,103,160,202
“迪克斯特”福禄考 *Phlox paniculata* “Dixter” 27,202
林地福禄考 *Phlox divaricata* 103,160
“五月微风”林地福禄考 *Phlox divaricata* “May Breeze” 160

G
盖瑞·贝斯曼 Baseman, Gary 290
甘斯沃尔特林地（高线公园） Gansevoort Woodland (The High Line) 301
高线公园 High Line The 1,188,189,198,234,235,237,250,289,292,293,295,299,300,301,302,303,304,305,312,315,321,328,329,379,408
高线之友 Friends of the High Line, The 1,292,293,298
歌德花园，魏玛 Goethe’s garden, Weimar 49
格雷厄姆·高夫 Gough, Graham 27
格罗斯马克斯事务所 Gross Max 313,337
格特·塔巴克 Tabak, Gert 44,406
格特鲁德·杰基尔 Jekyll, Gertrude 6,30,221
《更多梦幻植物》(《自然花园中的梦幻植物》) *Méér Droomplanten (Dreamplants for the Natural Garden)* 59,181
公鸡花园 Chanticleer 101
工艺美术运动风格花园 Arts and Crafts garden 30,117
古斯塔夫松·格思里·尼科尔事务所 Gustafson Guthrie Nichol (GGN) 218
光明广场 Light Plate 220,238,287
鬼灯檠属 *Rodgersia* 52,189
国际花园展，慕尼黑 International Garden Show, Munich 135
国际球根植物中心 International Bulb Center 189

H
哈德斯彭庄园，萨默塞特郡 Hadspen House, Somerset 91,100,184
哈佛大学设计研究生院 Harvard’s Graduate School of Design 262
哈格曼苗圃 Hagemann 52
哈勒姆，花园 Haarlem, garden 2,14,15,290,297
哈伦植物园 Hortus Haren 43,65
哈罗德·尼科尔森 Nicholson, Harold 117
海伦·冯·施泰因·齐柏林 von Stein Zeppelin,

Helen 52,135
海伦 · 通肯斯 Tonckens, Heilien 39
海纳 · 卢斯 Luz, Heiner 137
海因 · 科宁根 Koningen, Hein 4,5,137,141,244,354
海因 · 汤姆森 Tomesen, Hein 285
汉斯 · 范施特格 van Steeg, Hans 84,85,93
汉斯 · 克拉默 Kramer, Hans 55,66,102,285,403
汉斯 · 西蒙 Simon, Han 48,52,86,149
豪瑟沃斯 Hauser 332,336,337,338,340,349,370,389,408
豪瑟沃斯画廊 Hauser & Wirth 332,338,340,370,408
豪瑟沃斯画廊花园（萨默塞特郡） Hauser & Wirth, gallery garden (Somerset) 370
《禾草园艺》(《美丽的禾草》) *Gardening with Grasses* (*Prachtig Gras*) 153
河畔住宅花园（波恩） Riverside Residence garden (Bonn) 329
荷兰国际园艺博览会 Floriade 101,102,242,244,260,354
荷兰浪潮 Dutch Wave 5,7,33,34,44
荷兰银行园区，阿姆斯特丹 ABN AMRO's campus, Amsterdam 322
赫尔曼 · 范伯塞科姆 van Beusekom, Herman 39,102
赫尔曼霍夫观景花园（魏恩海姆） Hermannshof, Sichtungsgarten (Weinheim) 103,117
赫伦斯伍德苗圃（班布里奇岛） Heronswood Nursery (Bainbridge Island) 103
黑暗广场 Dark Plate 220
黑刺李苗圃 Blackthorn Nursery 27
黑斯默格花园 Hesmerg garden 296
亨克 · 格里森 Gerritsen, Henk 34,35,42,43,52,53,55,58,59,60,61,62,64,66,94,100,141,153,181,182,186,188,332,381,403,404,405
红豆杉 Yew 22,61,85,105,106,120,132,180,285,381,388
《厚重种子清单》 *Dikke Zadenlijst* 41
花冠大戟 *Euphorbia corollata* 198
《花和花园》 *Roze & VRT* (*Flowers and Garden*) 100
花迷宫 Floral Labyrinth 274
《花园》（英国皇家园艺学会会员杂志） *Garden, The* 182
《花园设计杂志》 *Garden Design Journal* 138
皇家莫尔海姆苗圃 Royal Moerheim Nurseries 30
皇家园艺学会 Royal Horticultural Society 105,182,206,207
皇家植物园 Royal Botanic Gardens 149
黄杨（黄杨属） Box (*Buxus*) 19,85,132,181,207,296
茴芹属 *Pimpinella* 197
茴香属 *Foeniculum* 75,197
  “巨青铜”茴香 *Foeniculum vulgare* “Giant Bronze” 75
惠特尼美术馆 Whitney Museum 302
火炬树 *Rhus typhina* 285
火焰草属 *Castilleja* 103
藿香属 *Agastache* 197,241,271
  荆芥状藿香 *Agastache nepetoides* 271
  岩生藿香 *Agastache rupestris* 241

J

“激情火焰”路边青 *Geum* “Flames of Passion” 75
吉尔 · 希伯和卡罗琳 · 希伯 Schieber, Gil & Carolyn 102
吉勒 · 克莱芒 Clément, Gilles 313
纪念花园 Gardens of Remembrance, The 260,264,408
加布里埃拉 · 帕佩 Pape, Gabriella 137,296
加拿大紫荆 *Cercis canadensis* 299
加州楤木 *Aralia californica* 75
建筑学中的草原学派 Prairie School of Architecture 219
《将禾草和蕨类引入花园》 *Einzug der Gräser und*

Farne in die Gärten (*The Introduction of Grasses and Ferns into the Garden*) 149
疆前胡属 *Peucedanum* 197
“杰克·弗罗斯特”大叶蓝珠草 Brunnera macrophylla “Jack Frost” 75
杰奎琳·范德克洛特 van der Kloet, Jacqueline 137,189,244,313,354
杰拉尔德·科克和帕特丽夏·科克（詹金庄园） Coke, Gerald and Patricia (Jenkyn Place) 100
杰利托种子公司 Seeds, Jelitto 198
金风芹属 *Zizia* 198
荆芥叶新风轮菜 *Calamintha nepeta* subsp. *nepeta* 210
《精品家居》 *Residence* 102
《景观中的景观》 *Landscapes in Landscapes* 333,388
菊属 *Chrysanthemum* 75
“保罗·布瓦西耶”菊花 *Chrysanthemum* “Paul Boissier” 75

K

卡尔·弗尔斯特 Foerster, Karl 30,48,49,52,54,85,91,148,149,182,285,380
“卡尔·弗尔斯特”尖拂子茅 *Calamagrostis acutiflora* “Karl Foerster” 285,380
卡杰园 Kaatje's Garden 61
卡西安·施密特 Schmidt, Cassian 135,403
凯瑟琳·古斯塔夫松 Gustafson, Kathryn 218,220
康兰章鱼出版社 Conran Octopus 182
康斯坦茨·斯普赖 Spry, Constanc 50
科琳·洛科维奇 Lockovitch, Colleen 240,403
克劳斯·特夫斯和乌尔丽克·特夫斯 Thews, Klaus & Ulrike 125,403
克里斯·贝恩斯 Baines, Chris 141
克里斯·伍兹 Woods, Chris 101
克里斯蒂娜·赫耶尔 Höijer, Kristina 148
克里斯托弗·布拉德利－霍尔 Bradley-Hole, Christopher 138,203
克里斯托弗·劳埃德 Lloyd, Christopher 15,22,101,219
克里斯托弗·滕纳德 Tunnard, Christopher 31,65
克利米·施耐德 Schneider, Climmy 349,354,361,371,403
克鲁伊特－赫克种子公司 Cruydt-Hoeck 41
克罗勒－穆勒博物馆 Kröller-Müller Museum 260
肯·汤普森 Thompson, Ken 381
肯内特·洛伦松 Lorentzon, Kenneth 140
库恩·扬森 Jansen, Coen 55,65,66,85,86,102,141,285,403
库尔松庄园 Courson, Domaine de 65,66,70,86,137
昆汀·贝尔 Bell, Quentin 88

L

拉默特·范登巴尔格 van den Barg, Lammert 105,161
莱奥·登·杜尔克 Den Dulk, Leo 34,204,402
兰斯洛特·布朗（“能人布朗”） Brown, Lancelot “Capability” 274
蓝刚草 *Sorghastrum nutans* 75,239
蓝禾属 *Sesleria* 329,349,360,378
秋蓝禾 *Sesleria autumnalis* 349,378
蓝雪花 *Ceratostigma plumbaginoides* 75
蓝沼草属 *Molinia* 75,149,180,210,234,323,328
“波尔·彼得森”蓝沼草 *Molinia caerulea* “Poul Petersen” 323,328
蓝沼草 *Molinia caerulea* 149,180,210
“摩尔海克斯”蓝沼草 *Molinia caerulea* subsp. “Moorhexe” 75
“透明”蓝沼草 *Molinia* “Transparent” (*Molinia caerulea* subsp. arundinacea “Transparent”) 234
狼尾草 *Pennisetum viridescens* 151
劳拉·扬 Young, Laura 240

劳伦斯·约翰斯通 Johnston, Lawrence 117
老鹳草属 *Geranium* 75,182,210,272
“巴克斯顿品种”宽托叶老鹳草 *Geranium wallichianum*“Buxton’s Variety” 75
老鹳草属物种 *Geranium × oxonianum* f. *thurstonia-num* 182,210,272
勒弗霍夫德 Leuvehoofd 314,328
勒诺特尔 Le Nôtre 8
雷丁高架铁路步道项目（费城） Reading Viaduct Rails-to-Trails Project (Philadelphia) 312
类叶升麻属 *Actaea* 75,158,165,182
白果类叶升麻 *Actaea pachypoda* 75
“示巴女王”类叶升麻 *Actaea*“Queen of Sheba” 158,165
“弯刀”类叶升麻 Actaea“Scimitar” 75
兴安升麻 *Actaea dahurica* 165
“紫叶”总状类叶升麻 *Actaea ramosa* “Atropurpurea” 165
里克·达克 Darke, Rick 3,101,299,304,332,403,405
里夏德·汉森 Hansen, Richard 49,103,116,137,182
理查德·迈克尔·戴利 Daley, Richard M. 218
丽白花属 *Libertia* 189
丽荷包 *Dicentra formosa* 192
丽色画眉草 *Eragrostis spectabilis* 75
丽塔·范德扎尔姆 van der Zalm, Rita 65
亮舌床属 *Selinium* 197
蓼 *Persicaria* 146,158,160,197
抱茎蓼 *Persicaria amplexicaulis* 158,160,197
“火舞”抱茎蓼 *Persicaria amplexicaulis* “Firedance” 158,160
裂稃草属 *Schizachyrium* 149,151,198,299,354
帚状裂稃草 *Schizachyrium scoparium* 151,198,299,354
邻里绿色基金 Green in the Neighborhood 333
刘建文 Lau, Michael 290
琉璃繁缕 scarlet pimperne 34
卢里花园，芝加哥 Lurie Garden, Chicago 149,189,198,211,218,219,220,221,235,238,240,241,243,260,286,287,290,299,302,322,328,336,378,403,405,408
芦莉草属 *Ruellia* 198
鲁道夫·施泰纳幼儿园 Rudolf Steiner, kindergarten 55
鲁内·本特松 Bengtsson, Rune 137,140,141,144,148
露丝玛丽·维里 Verey, Rosemary 125
伦佐·皮亚诺 Piano, Renzo 220
罗宾·怀特 White, Robin 27
罗伯·赫维希 Herwig, Rob 102
罗伯·利奥波德 Leopold, Rob 34,38,40,41,61,65,66,70,101,134,135,137,141,203,361,381,404
罗伯特·布雷·马克斯 Burle Marx, Roberto 6
罗伯特·德贝尔德 De Belder, Robert 94
罗伯特·哈蒙德 Hammond, Robert 293,298,300,302,312,403
罗伯特·特雷盖 Tregay, Robert 141
罗伯特·伊斯雷尔 Israel, Robert 220,290
罗姆克·范德卡 van de Kaa, Romke 15
罗茜·阿特金斯 Atkins, Rosie 61,66,86,87,90,91,94,138,203,245,250,402
罗森达尔花园（斯德哥尔摩） Rosendal Garden (Stockholm) 148
罗斯玛丽·魏瑟 Weisse, Rosemarie 135
罗伊·迪布利克 Diblik, Roy 101,159,219,220,238,241,325,358,375,403
罗伊·兰开斯特 Lancaster, Roy 65,86,102,179
罗伊·斯特朗 Strong, Roy 106
落新妇属 *Astilbe* 52,163
“紫矛”落新妇 *Astilbe chinensis var. taquetii* “Purpurlanze” 52
绿色农场植物苗圃 Green Farm Plants 100
绿荫步道（巴黎） Promenade Plantée, La (Paris) 289
绿洲 Oasis (Oase) 38

M

MFO 公园，苏黎世 MFO-Park, Zürich 289
马鞭草属 *Verbena* 197
多穗马鞭草 *Verbena hastata* 197
柳叶马鞭草 *Verbena bonariensis* 197
马格丽 · 菲什 Fish, Margery 44
马卡姆草原 Markham Prairie 243
马克西米利安公园（哈姆） Maximilianpark (Hamm) 287,314,405,407
马库松 · 冯 · 厄因豪森 - 皮尔斯托夫和安娜贝勒 · 冯 · 厄因豪森 - 皮尔斯托夫 von Oeynhausen-Sierstorpff, Marcus & Annabelle 313
马利筋属 *Asclepias* 75
粉花马利筋 *Asclepias incarnata* 75
柳叶马利筋 *Asclepias tuberosa* 75
马钱特耐寒植物苗圃 Marchants Hardy Plants 27
玛吉医疗中心 Maggie' s Centre 360,361,362,370
玛丽安娜 · 范利尔 van Lier, Marianne 38,85,405
玛丽克 · 赫夫 Heuff, Marijke 43,61,66,120,141
玛莎 · 施瓦茨 Schwartz, Martha 313
迈克尔 · 布隆伯格 Bloomberg, Michael 293
迈克尔 · 金 King, Michael 55,149,153,403
芒属 *Miscanthus* 75,84,120,149,285
“赤狐”芒 *Miscanthus*“Rotfuchs” 84
悍芒 *Miscanthus sinensis*“Malepartus” 84,120
“雷云”芒 *Miscanthus sinensis* “Gewitterwolke” 75
芒 *Miscanthus sinensis* 149
“武士”芒 *Miscanthus sinensis*“Samurai” 75
毛地黄属 *Digitalis* 116,197,328
锈点毛地黄 *Digitalis ferruginea* 116,328
毛蕊花属 *Verbascum* 197
梅特卡 · 齐贡 Zigon, Metka 61
美国薄荷属 *Monarda* 161,163,164,198
白普理美国薄荷 *Monarda bradburiana* 198
“魅力”美国薄荷 *Monarda*“Ou Charm” 164
拟美国薄荷 *Monarda fistulosa* 198
妹岛和世 Sejima, Kazuyo 316
梦幻公园（恩雪平梦幻公园） Dreampark (Enköping' s Drömparken) 144,146,148,204,205,238,286,322,407
《梦幻植物：新一代多年生植物》 *Drömplantor: den nya generationen perenner* 141
《梦幻植物》（《种植自然花园》） *Droomplanten* (Planting the Natural Garden) 59,141,148
米恩 · 吕斯 Ruys, Mien 14,30,31,39,43,51,117,121,204
米恩 · 吕斯花园，代德姆斯法特 Mien Ruys Garden, Dedemsvaart 30,32,43,59,132
莫顿树木园（舒伦伯格草原） Morton Arboretum (Schulenberg Prairie) 219
莫娜 · 霍尔姆贝里 Holmberg, Mona 148
莫伊卡 · 苏什尼克 Sušnik, Mojca 94

N

奈杰尔 · 邓尼特 Dunnett, Nigel 41,135,138,302,337
耐寒植物协会 Hardy Plant Society 50,84
南地公园，柏林 Südgelände, Berlin 292
尼尔 · 迪博尔 Diboll, Neil 100,140
尼古拉 · 富凯 Fouquet, Nicolas 8
尼科 · 克洛彭堡 Kloppenborg, Nico 133
尼克 · 罗森 Roozen, Niek 244
牛至属 *Origanum* 210
诺埃尔 · 金斯伯里 Kingsbury, Noel 9,138,321,404
诺里 · 波普和桑德拉 · 波普 Pope, Nori & Sandra 91,93
诺玛餐厅 Noma 361,365

O

奥多夫花园 Oudolf Garden 324,360,372,375,377,378,408
欧洲细辛 *Asarum europaeum* 106

P

帕特里克 · 卡林纳 Cullina, Patrick 304

帕特里斯·菲斯捷和埃莱娜·菲斯捷　Fustier, Patrice and Hélène　86
帕特诺特 / 范德拉恩，花园　Pattenotte/van der Laan, garden　84
炮台公园　Battery Park　6,189,244,250,251,260,261,262,264,304,408
炮台公园管理委员会　Battery Conservancy　260,405
炮台树丛　Battery Bosque　260,261
佩内洛普·霍布豪斯　Hobhouse, Penelope　66,70,207
彭斯索普自然保护区（彭斯索普水禽公园）　Pensthorpe Nature Reserve (Pensthorpe Waterfowl Park)　166,179,234,286,287,400,407
皮特·布恩　Boon, Piet　243,297
皮特·蒙德里安　Mondrian, Piet　31
瓶花龙胆　*Gentiana andrewsii*　241
普里奥纳花园　Priona garden (Tuin Priona)　35,38,43,58,59,60,61

Q

奇利达勒库博物馆　Chillida Leku　349
栖息地公园　Heemparks　2,4,5
千禧公园　Millennium Park　218,408
乔·埃利奥特　Eliot, Jo　404
乔·沙曼　Sharman, Joe　105
乔舒亚·戴维　David, Joshua　293
乔伊斯·于斯曼　Huisman, Joyce　3,262,402
切尔西草地　Chelsea Grasslands　299
切尔西灌丛　Chelsea Thicket　301
切尔西花展　Chelsea Flower Show　50,100,198,203
邱园　Kew Gardens　120,134,135,138,140,149
全国植物和花园保护委员会（植物遗产）　National Council for the Conserva- tion of Plants and Gardens (Plant Heritage)　62

R

日本四照花　*Cornus kousa*　315
如画草地　Pictorial Meadows　41
《如何打造野生动物花园》　*How to Make a Wildlife Garden*　141
瑞典农业科学大学的景观智库　Movium　140
瑞典住房（房地产公司）　Bostäder, Svenska　146

S

萨拉托加事务所　Saratoga Associates　260
伞形科　*Apiaceae* (*Umbelliferae*)　153,184,197
沙欣公司　Sahin, company　159
山薄荷属　*Pycnanthemum*　75,198
　短齿山薄荷　*Pycnanthemum muticum*　75,198
“赏金猎人”（日本公司）　Bounty Hunter　290
芍药　peony　182
蛇鞭菊属　*Liatris*　75,243
　北方蛇鞭菊　*Liatris borealis*　75
蛇形画廊　Serpentine Galler　316,324
《设计结合自然》　*Design with Nature*　293
升麻属［现已归入类叶升麻属 (Actaea)］　*Cimicifuga*　182
　紫叶升麻　*Cimicifuga atropurpurea*　84
蓍属　*Achillea*　48,52,75,182,381
　千叶蓍　*Achillea millefolium*　381
　“瓦尔特·丰克”蓍草　*Achillea* “Walther Funcke”　48,52,75
十胜千年森林公园，北海道　Tokachi Millennium Forest, Hokkaido　325
史蒂芬·莱西　Lacey, Stephen　120
舒伦伯格草原　Schulenberg Prairie　219,238
黍属　*Panicum*　149
　柳枝稷　*Panicum virgatum*　120,202
　“仙纳度”柳枝稷　*Panicum virgatum* “Shenandoah”　75,292
“鼠尾草河”　Salvia, river　146,238,322
鼠尾草属　*Salvia*　52,54,75,86,100,146,159,160,165
　草地鼠尾草　*Salvia pratensis*　100
　“东弗里斯兰”林地鼠尾草　*Salvia nemorosa* “Ostfriesland”　52,54

"蓝山"鼠尾草 *Salvia nemorosa* "Blauhügel" 52
"吕根"林地鼠尾草 *Salvia nemorosa* "Rügen" 52
"玛德琳"鼠尾草 *Salvia* "Madeline" 160
"亲爱的安雅"森林鼠尾草 *Salvia × sylvestris* "Dear Anja" 75
"亲爱的安雅"鼠尾草 *Salvia* "Dear Anja" 160
"维苏维"林地鼠尾草 *Salvia nemorosa* "Wesuwe" 52
"舞者"林地鼠尾草 *Salvia nemorosa* "Tänzerin" 52
"羽毛"林地鼠尾草 *Salvia nemorosa* "Plumosa" 86
"紫雨"轮生鼠尾草 *Salvia verticillata* "Purple Rain" 159,165
"紫水晶"林地鼠尾草 *Salvia nemorosa* "Amethyst" 52
鼠尾粟属 *Sporobolus* 75,120,124,149,198,243,299,323,328,329,354,360
异鳞鼠尾粟 *Sporobolus heterolepis* 75,120,124,198,299,323,328,354
水甘草属 *Amsonia* 75,120,360,372
蓝星水甘草 *Amsonia hubrichtii* 120,372
柳叶水甘草 *Amsonia tabernaemontana var. salicifolia* 75
水苏属 *Stachys* 106,160,274,287
"大耳朵"绵毛水苏 *Stachys byzantina* "Big Ears" 106
"玫红"药水苏 *Stachys officinalis* "Rosea" 287
绵毛水苏 *Stachys byzantina* 106,160,274
"许默洛"药水苏 *Stachys officinalis* "Hummelo" 287
斯崔丽·奥本海默 Oppenheimer, Strilli 59
斯坎普斯顿庄园 Scampston Hall 132,134,178,179,180,181,323,407
斯塔内·苏什尼克 Sušnik, Stane 55,94,100,403
斯特凡·马特松 Mattson, Stefan 137,140,141,144,146,204,205,286,402
松果菊属 *Echinacea* 160,161,197,220,238
"处子"松果菊 *Echinacea* "Virgin" 160

T

薹草属 *Carex* 75,120,299,329,378
宾州薹草 *Carex pensylvanica* 299
粉绿薹草 *Carex glauca* 329
似雀麦薹草 *Carex bromoides* 75
棕榈叶薹草 *Carex muskingumensis* 120
泰瑟花园 Thijsse's Hof 2,5
汤姆·德维特 De Witte, Tom 288,370,403
汤姆·斯图尔特－史密斯 Stuart-Smith, Tom 133,274,322
唐松草属 *Thalictrum* 75
"艾琳"唐松草 *Thalictrum* "Elin" 75
"白花"偏翅唐松草 *Thalictrum delavayi* "Album" 75
特夫斯花园 Thews garden 132,133,296
特拉出版社 Terra Publishers 59,153,288
特拉华植物园 Delaware Botanic Gardens 354,357,408
特里·冈 Guen, Terry 293,403
特伦特姆庄园 Trentham Estate, The 234,265,274,286,287,408
铁鸠菊属 *Vernonia* 75,240,243
"猛犸"铁鸠菊 *Vernonia crinita* "Mammuth" 75
"铁蝴蝶"铁鸠菊 *Vernonia* "Iron Butterfly" 240
铁筷子属 *Helleborus* 27,93,94,192
东方铁筷子 *Helleborus orientalis* 192
铁路站场（高线公园） Rail Yards (The High Line) 300
铁线莲属 *Clematis* 75,120
"中国紫"大叶铁线莲 *Clematis heracleifolia "China Purple"* 75
"紫红"直立铁线莲 *C. recta "Purpurea"* 75
廷贝尔出版社 Timber Press 288,317

土耳其木糙苏 *Phlomis russeliana* 31
“亚马孙”块根糙苏 *Phlomis tuberosa* “Amazone” 52
托恩·特尔·林登 Ter Linden, Ton 43,45
托马斯·克莱因 Kellein, Thomas 313
托马斯·派珀 Thomas Piper 333,378,403,405

W

瓦尔特·丰克 Funcke, Walther 48,52
威尔·麦克卢因 McLewin, Will 94
威廉·鲁宾逊 Robinson, William 380
威廉·米勒 Miller, Wilhelm 219
“韦德拉里”美丽半边莲 *Lobelia × speciosa* “Vedrariensis” 166
韦斯利花园（皇家园艺学会花园） Wisley (Royal Horticultural Society Garden) 206,207,210
维利·朗格 Lange, Willy 4,49
维利·洛伊夫根 Leufgen, Willy 38,402
维塔·萨克维尔-韦斯特 Sackville-West, Vita 44,117
维特·纽曼 Nieuman, Wiert 121,403
维特拉园区 Vitra Campus 360,366
伪泥胡菜 *Serratula seoanei* 75
未来植物公司 Future Plants 163
魏恩施蒂芬观景花园 Weihenstephan, Sichtungsgarten 137,296
蚊子草属 *Filipendula* 146
《我们自己的花园》，杂志 *Onze eigen tuin*, magazine 31
沃尔夫冈·厄梅 Oehme, Wolfgang 49,91,116,140,149
沃尔瑟姆乡间宅邸（伯克郡） Waltham Place (Berkshire) 59
沃尔特·赫夫斯特 Herfst, Walter 121,405
沃勒维孔特城堡 Vaux le Vicomte 8
沃里·普赖斯 Price, Warrie 6,260,262,264,403
沃什菲尔德 Washfield 27
沃特·普勒格和迪克·普勒格 Ploeger, Wout & Dick 65
乌得勒支植物园 Botanical Garden Utrecht 121
乌尔夫·努德菲耶尔 Nordfjell, Ulf 145
乌尔夫·斯特林德贝里 Strindberg, Ulf 148
乌尔斯·瓦尔泽 Walser, Urs 103,137,149
“舞蝶”山桃草 *Gaura lindheimeri* “Whirling Butterflies” 159

X

希德科特花园 Hidcote 117
西格丽德·格雷 Gray, Sigrid 264
西科克花园 West Cork garden 246,371
西蒙妮·利 Simone Leigh 302
锡辛赫斯特花园 Sissinghurst 117
细叶亮蛇床 *Selinum wallichianum* 75
“夏日美人”葱 *Allium* “Summer Beauty” 75
香青属 *Anaphalis* 241
向日葵属 *Helianthus* 182,197,238
　柳叶向日葵 *Helianthus salicifolius* 197
“小公主”棯葵 *Sidalcea* “Little Princess” 160
谢菲尔德大学 Sheffield, University of 41,135, 262,288,325,332,337,381
谢霍尔门公园 Skärholmen Park 146,205,211,407
辛格博物馆，拉伦 Singer Museum, Laren 349,354,356,407
新德国风格 New German Style 7
新多年生植物风格 New Perennial Style 7
《新多年生植物花园》 *New Perennial Garden, The* 138
星草梅 *Gillenia trifoliata* 19,75
星芹属 *Astrantia* 15,50,75,105,160,161,163, 164,180,207
　“波尔多干红”星芹 *Astrantia* “Claret” 105,161,163,180
　大星芹 *Astrantia major* 75,207
　“红宝石婚礼”星芹 *Astrantia* “Ruby Wedding” 105
　“罗马”大星芹 *Astrantia major* “Roma” 164
　“罗马”星芹 *Astrantia* “Roma” 75,105,163

"蓬乱"大星芹 *Astrantia major subsp. involucrate* "Shaggy" 75
"沃什菲尔德"星芹 *Astrantia* "Washfield" 160
雄黄兰属 *Crocosmia* 189
许默洛 Hummelo 3,14,16,19,22,26,33,59,60,64,65,66,70,84,85,86,93,94,100,103,105,106,116,117,120,121,134,138,144,149,165,184,186,192,199,245,260,261,262,274,275,285,286,287,292,296,297,299,336,371,378,380,388,402,403,404
萱草属 *Hemerocallis* 106,163
"原谅我"萱草 *Hemerocallis* "Pardon Me" 106
雪片莲属 *Leucojum* 189

Y

雅各布斯·彼得·泰瑟(雅各·P. 泰瑟) Thijsse, Jacobus Pieter (Jac P.) 4
雅克·韦尔热利 Vergely, Jacques 292
胭红距缬草 *Centranthus ruber* var. *coccineus* 75
延龄草属 *Trillium* 189
延斯·延森 Jensen, Jens 219
赝靛属 *Baptisia* 75,234,243,287,372
白花赝靛 *Baptisia leucantha* 75,243,372
蓝花赝靛 *Baptisia australis* 234
"紫烟"赝靛 *Baptisia* "Purple Smoke" 287
杨梅 Bayberry 315
"阳光"旋覆花 *Inula* "Sonnenstrahl" 234
"样板花园",新泽格拉尔 Modeltuinen, Nieuw Zeggelaar 102
耶莱娜·德贝尔德 De Belder, Jelena 70,94
"野生植物"苗圃 Wilde Planten nursery 39
一位纽约艺术家 KAWS 290
一枝黄花属 *Solidago* 234,238,241
"金雨"一枝黄花 *Solidago* "Golden Rain" 234
"威奇托山"一枝黄花 *Solidago* "Wichita Mountains" 241
伊恩·麦克哈格 McHarg, Ian 293,312
伊冯娜·博伊松 Boison, Yvonne 137
伊莱·海曼斯 Heimans, Eli 4
伊丽莎白·德·莱斯特里厄 De Lestrieux, Elisabeth 42,61,65
伊丽莎白·斯特朗曼 Strangman, Elizabeth 27
伊丽莎白女王奥林匹克公园 Queen Elizabeth Olympic Park 337,350,408
伊萨·奥斯曼 Osman, Issa 54
银胶菊属 *Parthenium* 198
银莲花属 *Anemone* 146,189,192
银莲花属物种 *Anemone mertensia dicentra* 192
草玉梅 *Anemone rivularis* 75
杂交银莲花 *Anemone × hybrida* 146
英国皇家建筑师学会 Royal Institute of British Architects 332
《用植物做设计》 *Designing with Plants* 182
友谊岛,波茨坦 Freundschaftsinsel, Potsdam 49
于尔根·贝克尔 Becker, Jürgen 120,405
羽扇豆 lupin 103
雨璃草 *Adelocaryum anchusoides* 75
雨伞草属 *Darmera* 75,189
雨伞草 *Darmera peltata* 75
《与自然玩耍》 *Spelen met de natuur* (*Playing with Nature*) 59
玉簪属 *Hosta* 75,163,189,272
大花玉簪 *Hosta plantaginea var. grandiflora* 75
"忧郁蓝调"玉簪 *Hosta* "Moody Blues" 272
《园丁世界》 *Gardeners' World* 120
《园艺画报》 *Gardens Illustrated* 66,86,87,90,203,271,403
约翰·布朗出版社 John Brown Publishing 90
约翰·科克(伯里院子) Coke, John (Bury Court) 100,125,179,203,220,328,402
云南甘草 *Glycyrrhiza yunnanensis* 75

Z

泽兰属 *Eupatorium* 43,75,146,165,197,198,240,288
斑茎泽兰 *Eupatorium maculatum* 197,288
"巨伞"斑茎泽兰 *Eupatorium maculatum*

"Riesenschirm" 75
"巧克力"泽兰 *Eupatorium* "Chocolate" 240
神香草叶泽兰 *Eupatorium hyssopifolium* 198
"紫晕"斑茎泽兰 *Eupatorium maculatum* "Purple Bush" 165
泽漆 sun spurge 34
詹姆斯·范斯韦登 van Sweden, James 49,91,93,116,149,193,218,220,404
詹姆斯·科纳 Corner, James 293,299,315
詹姆斯·科纳事务所 James Corner Field Operations 1,250,293
詹姆斯·希契莫 Hitchmough, James 135,138,302,329,337,381
沼生马先蒿 marsh lousewort 34
针茅属植物 *Stipa offneri* 75,288
针茅 *Stipa tirsa* 75
珍妮·霍尔泽 Holzer, Jenny 313
珍妮弗·达维特 Davit, Jennifer 240,241,403
植物日（库尔松） Journées des Plantes (Courson) 86
植物育种者权利 Plant Breeders' Rights 159,163,165
中欧孀草 *Knautia macedonica* 62
中西部地被公司 Midwest Groundcovers 163
中央公园 Central Park 302,378
《种植设计：时空中的花园》 *Planting Design: Gardens in Time and Space* 288
《种植新视角》(《荒野之美：自然主义种植设计》) *Planting, a New Perspective* 210,317,325
《种植自然花园》(《梦幻植物》) *Planting the Natural Garden (Droomplanten)* 53,59,62,332
"众种"公司 Multigrow 163
朱莉·托尔 Toll, Julie 137,145
紫葛葡萄 *Vitis coignetiae* 31
紫茎属 *Stewartia* 315
紫松果菊 *Echinacea purpurea* 75,161,162,182,235,329
"年份红酒"紫松果菊 *Echinacea purpurea* "Vintage Wine" 75
"致命吸引"紫松果菊 *Echinacea purpurea* "Fatal Attraction" 162
紫菀 *Michelmas daisies* 44,48,84,182,238,239
紫菀属 *Aster* 44,48,75,84,182,238,239
"阿尔玛·珀奇克"紫菀 *Aster* "Alma Pötschke" 75
"秋日财富"紫菀 *Aster* "Herfstweelde" 239
"十月天空"芳香紫菀 *Aster oblongifolius* "October Skies" 75
"索诺拉"紫菀 *Aster* "Sonora" 84
"小卡洛"紫菀 *Aster* "Little Carlow" 75
"紫叶"单穗升麻 *Actaea simplex* "Atropurpurea" 207
紫羽蓟 *Cirsium rivulare* "Atropurpureum" 207
《自然花园中的梦幻植物》(《更多梦幻植物》) *Dreamplants for the Natural Garden (Méér Droomplanten)* 59
走上花园小径（在邻居的花园） Het Tuinpad Op (*In Nachbars Garten*) 400